◉近隣住民により注連縄を架け替えられる「虫川の大杉」[►第1部2章]／【撮影】1993年、小森立雄

◉張り出す枝は南北26メートルにも及ぶ大榧《かや》［▶第1部4章］【写真提供】ときがわ町教育委員会

◉木喰による立木薬師如来像［► 第2部2章］／【写真提供】萩市

◉荘厳な木迎えの儀式「御柱祭」［► 第2部8章］／【写真提供】諏訪地方観光連盟

牧野和春

古木《こぼく》の物語

巨樹信仰と日本人の暮し

工作舎

序——木は人のおもかげ

樹齢二千年の桜から

大きな木に魅せられて、全国各地に木をたずね歩くようになってからいつの間にか三〇年にもなろうとしている。きっかけは推定樹齢二千年とも言われる、息も絶え絶えかとみられる桜(エドヒガン)の老樹を目のあたりにした衝撃的とも言える光景が引き金になったものだった。引き続き、松、杉、楠、ケヤキ、藤などと、さまざまの樹種の巨樹・老木に出合うち、私には一本、一本の木が、人間にたとえていえば、いかに独自性に富み、個性的であるのか、あらためて思い知らされ、その木の立姿に圧倒される思いがしたものだ。すると、それがまた魅惑となってさらに巨樹たちの世界へと引き込まれて行った。

そうこうするうち、私の巨樹たちへの関心は別の方に重心が移っていった。それは、それぞれの巨樹が何故に、峠なら峠、沼なら沼のほとりに、また、墓地なら墓地になくてはならないのか、そこのところの理由なのである。民俗学的な目、観察という話で片づけることは可能であろうが、私の場合は、体系的理論や概念を設定したうえでの見方ではない。まったく逆の発想なのであった。いわば何も分からない「凡夫」の発想である。これは民俗学的にはどう解釈しているのであろう。そこで学説的に検証してみるといった後追いの手法なのである。

ところが、これが大いに収穫であった。実際の木々に詣でた体験や実感からすると、文献的な解釈や、理屈は、ある意味で表面的な解説、分類には役立つが、その木がもつ、人との関わり、歴史的試練といった、一段と深い部分についてはまず無力といってもよいのである。

始めに理論ありと言わぬばかりの考え方は私はとらないことにした。せっかくの木との間に生まれた清らかな心が、あっ、それはこの型、こちらはこういう説、といったぐあいにふり回わされたのでは、まるで自分が台無しにされ、汚されるような気がしたのである。私は体験と実感をこそ大事にしたいと思った。

心の視点で巨樹をとらえる

そのうち、環境省（当時は庁）の全国巨樹・巨木林調査がきっかけとなって、にわかに巨樹への国民的関心が高まり、自然保護教育・思想の普及のうねりともあいまって巨樹は一種のブームとなった。この成果はたしかに大きいものがあった。反面、ややもすれば巨樹は、何かあると、日本一の木を見つけたといったふうの、マスコミを賑わす好材料にされたり、観光の掘りだし物あつかいされる面がなかったわけではない。でも、人々に地域の巨樹・巨木林への関心が深まったことのほか若い世代の自然への関心、教育、学習面における巨樹の存在が果たした役割は大変に大きなものがあったと思う。

たとえば、いくらがんばったところで百年生きることはまず、自分にはあり得ないと考える人間の生命力にとって、樹齢数百年はへっちゃらで、なかには一千年はおろか三千年とおぼしき木もある。そんな木の生命力を知ってみれば、子供たちに生きる逞しさや、勇気、忍耐などを、誰よりもよく教えてくれたのは木そのものであったと言えるのではあるまいか。風雪に耐えて——という言葉が、子供たちが巨樹を語るときの合言葉ともなっていることを思うと、このことは当たっていると思う。

しかし、こうした流れや動きを巨視的に眺めるとき、やはり物足りないと思ってきたことが常にある。それは、心の視点からの巨樹への掘り下げである。時代は、とっくの昔から、これからは、心の時代と言っているくせに、こと、木に関してみれば、心の視点からの掘り下げなど、辛気くさいのか、人は敬遠するのである。それが、ここ数年の流れを見ていてやっと変わりつつあるように感じられる。ひとつは、団塊の世代の大挙しての引退時期と関係しているこどもあろう。社会の一線から退くとなると、自然とのより身近な暮しを求めたくなるのはうなずける。同時に、生きて行く価値をどこに見いだすか。こんな思いがなにとはなし、巨樹への関心を引き立てるのではあるまいか。

私は巨樹巡りにたいする年来の私の態度が、ようやく多くの人にも認知される時期になってきたのではないかと、少しばかり嬉しい。

日本人にとって「木」とは

ところで、この私の方であるが、さきほども触れたとおり、巨樹巡りの体験と、自分の加齢とにより、木を見る目が木巡りを始めた頃に比べるとずいぶんさま変わりしてしまった。その変わり方については節目節目で著作のかたちでまとめてきたつもりである。

古希も過ぎてしまったこの頃の関心事であるが、一言で言えば、日本人にとって、究極のところ「木」とはなんであるのか、という一語に尽きる。正直、これほどやっかいな話はないし、気軽に手だしできるものでもない。しかし、なにがしか思索上、冒険してみる必要はどうしてもあるわけである。

ただ、ひとつ、私にとってはっきりと実感できることがある。

それは、木を眺めるに、大きな木とか、小さく若い木とか、区別しないで、ともかく、木とは私たち日本人にとって何であるのかという点である。そこを押さえなければ、木を考える意味も半減してしまうと思うに至ったのだ。

一老人のように

生えている木、生きている木を「木」と見るのは当然であるし、誰もそうなのであるが、私は、それだけでなく柱とか、立ち木に直接彫った仏像とか、単なる自然木ではなく、文化の表れと解釈してよい「木」（加工木）も含めての、要するに「大いなる木」の存在とその意味性とを追求してみたい。ここに焦点を当ててみたくなったのである。見方によっては、なにもかも一緒にした話と揶揄する人がいるかも知れない。しかし、別なる見方をするならば、究極における日本人にとっての「木」の意味を探求するのは必然の成りゆきと言える。

私には、木のありようが、結局は人のありようと二重写しに見えてくる。その生きざま、幸・不幸も所詮、人間の世にかくも似るものかとさえ思われてくる。一本の巨樹はなぜか人生の極意を知り尽くし、その立ち振舞に尋常ならざる気を感じさせる一老人をほうふつさせるものがある。

私は巨樹を見るに、その第一級資格となる三原則なるものを用意してみた。

即ち、風貌・風格・風情。これ巨樹に値する三原則である。

私は一人の市井の徒として、身辺のさりげなき巨樹・老樹との出合いを感慨を込めて見つめることとした。木は単なる木にあらず。人に語りかけ、ときに笑い、ときに涙を見せるのである。人も木も故あって現代に、互いに遭遇し合っているのである。まさに「一樹一影」。人と木とは同じこの世で一世《ひとよ》かぎりの己の影を引きずっているように思われて仕方がない。人と木とはまさに双方向の心のドラマを演じているのだ。その心のドラマを、これからひそやかに尋ねてみることとしよう。

ご批評を得たい。

平成十九年九月　吉日

奥武蔵にて　　牧野和春

古木の物語《こぼくのものがたり》

——巨樹信仰と日本人の暮し——牧野和春

第1部　木の声

1章

「市井の仙人」鳩山、八幡神社のイチイガシ

◉「イチイガシ」鳩山町指定天然記念物

【推定樹齢】400〜600年
【目通り幹囲】5.2m
【樹高】15m
【撮影】1997年、牧野
【所在】埼玉県比企郡鳩山町大字高野倉 八幡神社

奥武蔵に暮らすようになって、はや四〇年が過ぎてしまった。時の流れというものは、非凡な人でないかぎり、いざ過ぎし日に自身のうしろ姿をかさねてみると、苦渋と悔恨の念をもってしか捉えることができぬもののようである。歳月をかさねるという、そのことが即、日々、罪をかさねているように思われてならない。かくて、世俗的地位や肩書の類いに、私は自然と距離を置くことになった。

東京を離れて、都心よりほぼ四〇数キロ圏にある、この奥武蔵の地に、己の住処《すみか》を選んだわけも、まだ若かった三〇代そこそこの、その頃には、自己の心の大本の何たるや、その正体を見破る力はなかったが、いまにして思えば、世を厭《いと》う、衝動の力が、わが心の暗部に激震となって走ったように、ぼんやりと感じられてくる。

その頃、心のなかに漠然とではあったが、ある小さな理想郷を描いていたのである。その小さな理想郷、と私には思える場所が、武者小路実篤（一八八五―一九七六）が提唱、現実のものとした、あの「新しき村」であった。

「新しき村」は昭和十四年（一九三九）、当時、山林地約四千坪（一万三二〇〇平方メートル）を埼玉県入間《いるま》郡毛呂山《もろやま》町葛貫《つづらぬき》の丘陵地に求めて建設されたのであった。これより先、武者小路が、彼の同志四、五〇人と、宮崎県児湯《こゆ》郡木城町石河内に「新しき村」を作ったのは大正七年（一九一八）のこと。それが昭和十三年、宮崎県営ダム建設により、村の水田など要地が水没することになったため、別途、新天地を求め、ここ埼玉に移住してきたのである。これに対し、宮崎県に残った家族は「日向の新しき村」と称することになり、六〇年が過ぎた平成十年、たしか二世帯は暮らしていると聞いたが、いまはどうであろう。

「新しき村」は現在、丘陵を中心に土地約一〇ヘクタール。水稲四ヘクタール、丘陵地では梅、桃、栗を中心の果樹、茶、野菜、養鶏（採卵）、酪農、雑木林を利用して椎茸などが栽培され、出入りはあるものの近年は約十家族、独身者を含め約五〇人が共同生活を続けている。

今回の巨樹が登場する、このあたり、埼玉県、比企《ひき》郡である。周辺のなだらかな丘陵を一般に比企丘陵と呼んでいる。「比企」が低地を意味する「ヒク」（低）に発することは明らかで、北関東の連山は秩父から外に出るとなだらかな丘陵地形に変わり、このあたりまでくると台地状から平野部へとさらに変貌しようとしている。確かに緑いっぱいである。「自然が豊か」とは日本中どこでも使える言葉であるが、その地の自然の本当の顔が何であるかはやはり自分で歩いてみなければつかめない。

ここ鳩山町あたりの風景は、彼の国木田独歩が「山林に自由存す」と謳歌した著作『武蔵野』のイメージと違い、同じ武蔵野でも奥まっているだけに、かなり起伏に富み、そのぶん、より猛々しい面を持っている。鳩山の地名も、陰影の強い、低い山合いの地形に由来するのであろう。「鳩」はたぶん「ホト」、つまり「ホト（女陰の意）」なのである。そうしたところを流れる川が鳩川（ホトガワの意）である。この川は越辺《おっぺ》川に注ぎ、越辺川は入間《いるま》川に、そして入間川は荒川に合流する。実はごく最近になってのことであるが、鳩川のほとりにはかつて「サンカ（山家の意）」と呼ばれた人達が暮らしていたらしいことも知った。この川のほとりの河川敷はいまも篠竹でいっぱいである。

まるで「市井の仙人」

散策を続けるうちに、自分にはいつの間にか、鳩山なら鳩山という心の宇宙ができてしまう。夜、ときどき寝床のなかで、そうした宇宙散歩を試みる。どうしてもこんどはあそこの小さな谷に入ってみなければ、あるいはどうしてもあそこの森を歩いてみなければ、といったあらたな冒険心も湧いてくる。

思い出すと、平成九年の晩秋のことであった。

越生《おごせ》から鳩山に抜ける間道を家内の運転する車で走っていた。あたりは雑木林の続くなだらかな丘陵地帯でところどころに民家が点在している。ゆるやかなカーブが続く下りの道である。左方に濃い、それも少し灰色がかった緑の塊となった大木が目に飛び込んできた。

◉そばの花が一面に咲く晩秋の奥武蔵。
気持は次第に、その奥の森に惹かれてゆく。

その印象があまりに強かったのと、脇に一面、そば畑が拡がっているのにひかれて車を止めた。実は、この年の初夏にも、私はこの場所を通りかかった。この時は、そばの花が一面、純白の小世界を現出するほど咲いていた。そして、奥まったその向こうに、鮮やかな緑の森があるのが目に映った。何となく気にかかったが、カーブの続く地形でもあるし、そのまま走り去った。

しかし、今日は違う。森の磁場にこちらが吸い寄せられてしまったように、体の方がこわばってしまっている。

そば畑はまだ花を咲かせているのもあるが、多くは焦茶色の実をつけて畑はまだら模様だ。家も人の姿も見当たらぬ。忘れられたような静寂の空間がひろがっている。

私はそばの脇にある小道に沿って歩く。道はまっすぐ、あの森に向かっている。百メートルは歩く。森の手前に石の鳥居がある。そして、そのすぐそばに堂々たる巨木が一本、突っ立っている。その木はまるで貴公子然として凛とした姿を見せる。一見、楠の巨木かとみたが樹形が楠にしては円くない。葉の色も、楠と比べて灰色をおび、地味である。しかし、なんといっても、その風格は抜群である。

近づいてみると、解説板がある。なんとイチイガシの巨木であった。神社は八幡神社。この木は神社の神木であった。ちなみに近年、小公園として整備された。

平成十七年の調査によると、樹高約十五メートル。樹齢四〇〇—六〇〇年。昭和五四年四月、町の天然記念物に指定されている。ここは鳩山町高野倉。イチイガシの天然分布は九州が中心であり、北限は茨城県。埼玉・群馬・栃木・福島各県では見当たらないとのこと。ここ八幡神社のイチイガシは、なんらかの理由で植えられたはずで、きわめて貴重である、と解説。

いつであったか八幡信仰の源流である大分県、その宇佐市にある宇佐《うさ》神宮に詣でたことがあるが、神域二一万平方メートルはイチイガシとクスを主とする常緑広葉樹林であった。「宇佐神宮社叢」として昭和五二年、国の天然記念物に指定されている。イチイガシはブナ科コナラ属の常緑高木。関東南部以西、四国、九州、アジア東南部にかけて分布するも目立つのは九州である。

八幡神は、関東では源頼朝の鎌倉開幕以来、源氏の強運にあやかろうとたちまち広がった。鳩山の八幡神社も、もとはたぶんそうしたことによるのであろうが、本来は稲作農耕に始まる産土神《うぶすながみ》であったろう。

イチイガシは材かたく、よく家具に使われるが、昔は農具用の材でもあった。私は鳩山の地名のことを思い出した。小さな谷から流れ出す水を有効に使って人々は稲作農耕をたしかなものとして長い間、暮らしてきたはずである。神木のイチイガシの苗木を、誰がどこから持ってきたかは分らない。宇佐に詣でた人が、その霊験にあやかるべく神木として植えたのかもしれない。農具に使う材であってみれば、植栽は農民にとって、特別の木と感得してのことであったのかもしれない。この八幡神はこの地域の人たちに秋の豊かな稔りを約束する神として長い間、崇められてきたはずである。

根元に立って巨木を仰ぐ。八本の太枝が出ているがいずれも横には張り出さない。樹形は全体として上に向って迫り上がる。いかにも気品高く、清潔感が滲むのもそれ故ではあるまいか。木の脇は石段ならぬ木段続きの参道で、登りきると社殿になっていた。普段は人もあまり訪れることがないようで、山芋の実であるむかごがびっくりするほどたくさんあたりの茂みに生っていた。穫ると、たちまちポケットはいっぱいに。翌朝はご飯に炊き込み、むかごめしの風情にもあずかった。

ほの暗い森をあとに、再び木の段をくだって行った。そして、細い道にでて、イチイガシを振り返った。樹高十五メートルとされる巨樹が晩秋の夕陽をいましも全身に浴びて無言のまま静かに立っている。その風貌に何かしら崇高なものさえおぼえた。木が発する、ある理屈を超えた存在感が迫ってくるのだ。

以後、この木は奥武蔵を散策する私にとって、もっとも魅惑的な巨樹の一本となった。仙人は深山に住むと思いきや、本物の仙人はいとも素知らぬ風情で市井を歩いているものだ、

◉振り返れば、夕陽に映えるイチイガシ。まさに「市井の仙人」である。

とのたとえもある。巨樹についても、このことが言えるのではあるまいか。原生林や深山のなかにしか巨樹は存在しないと思いきや、意外にも、私たちに、その目、その心さえしっかりあれば、巨樹は案外、ふだん私たちが暮らす山野や社寺や道端のほとりに、思慮深く、そしてさりげなく、黙って立っているものなのである。

2章

越後、虫川《むしかわ》の大杉は現代の閻魔大王

◉「虫川の大杉」国指定天然記念物

【推定樹齢】1000年
【目通り幹囲】10.6m
【樹高】30m
【所在】新潟県上越市浦川原区虫川、白山神社
【撮影】小森立雄

風雪に耐えて一千年

平成十八年の年明けは稀にみる大雪のニュースから始まった。次々と日本海に張りだすマイナス三六度クラスの北極圏からの猛烈な寒波によって、山陰から東北秋田あたりにかけての日本海側は記録的な大雪に見舞われている。こうして筆を執る一月八日の朝現在も、昨日までの積雪は新潟県津南町で高さ四メートルに迫ろうとしている。雪おろしをしようと屋根にのぼった人の転落死、表層雪崩《なだれ》に車ごと巻き込まれる事故、雪の重みで家屋が圧《お》し潰されるなど、犠牲・被害者は六〇人を越えるという。

「こんな大雪に遭ったのは初めてだ」。「とにかく雪との闘い、もう体力の限界だ」。テレビのニュースで老人たちが口ぐちに言っていた。過疎地の深刻な状況は単に気象やその立地だけの問題ではない。ここでいう記録的が、単に一過性のものなのか。それとも地球温暖化による日本海海面温度上昇がもたらした大量の水蒸気上昇を大陸からの寒波が吸い上げ、稀にみる大雪となって出現したのか。雪国に暮らす人たちの暮らしと嘆きはすでに越後、塩沢の人、鈴木牧之《ぼくし》(一七七〇―一八四七)が『北越雪譜』に縷々《るる》述べているところである。

津南町は越後のなかでもひときわ豪雪地帯として知られる。ここは先の塩沢ともそう遠く離れていない。雪にすっぽりと覆い尽くされた風景は、一面、冬の詩情ともなる。しかし、大雪がもたらしたなまなましいニュースを見聞しながら、私には雪に埋もれ行くもう一つの情景が頭の中にこびりついて離れない。

一本の巨大な杉の木が、無言のまま刻々、雪に埋もれ行く姿である。まるで人柱のように、あるいは神のように。その木の名は「虫川の大杉」。推定樹齢一千年のこの木もまた、先程の津南町から山を越えた上越市浦川原区虫川というところにある。上越市も有数の豪雪地帯として知られる。大樹、老樹を形容するに、「風雪に耐えて」とよくいわれるが、実はこの「風」と「雪」ほど、木にとって重い意味はない。

天然記念物等の巨木についてみるに、木が損傷を受けるのは、落雷、台風、雪害、火災のまず四つに絞られる。うち、自然発生の山火事は例外として、火災については人為災害の犠牲である。落雷は一瞬のもので、いってみればその木の「運《うん》」による。ところが台風と大雪の直撃はもろのものであり、恒常的ともいえる。老樹に出会うと、こんな太枝がと目を見張るばかりの大きな枝が無残にもぼっきりともぎ取られていたり、傷跡もなまなましく、吹き飛ばされていることがよくある。樹齢数百年、なかに一千年クラスの巨木も目にするわが国の風土であるが、これらの巨木はこうした大自然の暴威を幸運にもくぐり抜け、全体として稀な樹勢を長い年月にわたり維持しつづけた勇者でもあるのだ。

このたびの大雪に、果たして、あの杉の木の枝々は大丈夫であろうか。そして、雪が溶け始める春三月、あの木はいつもと変わらぬ王者の威風を、訪れる人たちに見せてくれるのであろうか。そんな心配と期待と願いとが、いま私の脳裏をよぎっている。

大杉は村の宝

「虫川の大杉」という巨木が新潟県下にあることは前々から知っていた。「虫川」という風変わりの名称に好奇心を抱いた。しかし、地図上に探す東頸城《くびき》郡浦川原村（当時）は鉄道沿線から外れた辺地である。車を運転しない私にとっては簡単には行けぬ願望の地であった。ありがたいことに平成に入ってJR上越線十日町駅と、同信越本線犀潟《さいがた》駅間五九・五キロを結んで北越急行「ほくほく線」が開業、富山、金沢など北陸への上野発の主要列車はこの線を経由することとなり、わけてもその名もズバリ「虫川大杉駅」が誕生したのだ。

私が「虫川の大杉」に対面すべく出かけたのは平成十四年（二〇〇二）五月であったが、新しいものづくめの体験が強く印象に残った。なによりも内陸の農山村地帯を走るため、沿線風景はまだけばけばしい広告類に汚されていない。そして、車窓間近に手に取るように眺められる自然の緑、季節の花の鮮やかさ、空木《うつぎ》の花の純白、山藤の花の紫のみずみずしさに目を見張った。越後湯沢始発の列車で約一時間、距離にして約六三キロ。列車は午前十一時半頃、念願の虫川大杉駅に到着した。着いてみればここは無人駅。下車したのは私のほかには地元の人らしい中年の婦人がひとりだけ。駅を出ると公園風の広場になっているが、人影は見えない。それに大杉へ行こうにもまるで方角が分らぬ。現在は矢印の表示板が出ているという。

取りつく島もないとはこういうことをいうのであろう、これは大変と、あわてて先の婦人の後姿を追って七、八〇メートル走る。バイクに乗って行こうとするところを、かろうじて呼び止める。「なんでも向こうの森の中だっていうんだけど…」と頼りない。婦人が指さす向こうには森が三つばかり顔を並べている。それ以上の答えは返ってこない。とにかく歩き始めて、最初の集落にさしかかると、やっと大杉方向を示す小さな標示に出合う。そのまま人気のない集落の中の一本道をかまわず歩く。途中で老人を見つけ、声をかけ、尋ねると、「この道をまっすぐ行き、村を外れたところで前方に見える神社の森の中だ」と、教えてくれた。まさにそのとおりであったが、集落を外に突き抜けると、小さな川があって、橋を渡るその前に白山神社の鳥居があった。くぐると、向こうのほの暗い森の中になにやら巨大な怪物を思わせるような黒い影がぼんやりと浮かぶ。

数段の石段を上がると、そこが神社の境内になっていた。左脇に「大杉は村の宝だ」(趣旨)と呼びかける新しい看板が取りつけられている。地元の青年たちによる呼びかけである。見ると、まさに私の正面に、それこそ正真正銘の「虫川の大杉」そのものが、まるで閻魔大王でもあるかのようにどっしりと腰を据え、威厳を放って私をじっと睨《にら》んでいた。

調査によると大杉は、目通りの幹周一〇・六メートル、枝張りは東西二七メートル、南北二〇メートル。樹高なんと三〇メートル。全国的にみてトップクラスの杉の巨木である。推定樹齢は既述の如く一千年。昭和十二年(一九三七)、国の天然記念物に指定されている。当時にあって、全国有数の杉の巨樹と認められていたのである。

巨樹・巨木を眺めるには風貌・風格・風情の「風《ふう》」三原則をあげたいと私は考えている。「虫川の大杉」は私の巨樹体験からしても、この三原則を十分に満たしてくれる、まさに玄人好きのする巨木である。

全体はずんぐりとして、なお気品ある直立不動。「杉」は名の由来からしても分るとおり「直ぐの木」である。まっすぐに天に向かって一途に伸びてこそ杉の面目ありだ。途中に腰をひねったり、梢が切れたり、樹高八分目あたりで横に傾いたりしてはさまにならぬ。もちろん、そうなっていても例外的にさまになる杉の巨木もあることはある。しかし、そういう巨木は、そうであるだけの見せ場、確たる自己主張、即ち風格、風貌に於いて、独自のものを有している。

だが、別なる宿命も抱えている。すでに述べたように、雪国なるが故の、雪の重みによる枝の損傷である。

◉背面より撮影した虫川の大杉。
奔放なエネルギーを放出しているかのようだ。
【撮影】小森立雄

「虫川の大杉」は全体が赤味を帯びている。雪国だけに湿気を十分に吸っているからではないかと思う。杉にとってはこのうえない生育環境ではあるまいか。それに、これだけの巨木ともなれば大地の下にかくれている無数の根は四方八方かなり広範囲へと張り巡らされているにちがいない。見れば境内の奥まったところに位置している本殿の裏手は森のさらに奥地から流れくだる急流がぶつかり、境内を囲むかのように半月型に川が流れているのだ。大杉の無数の根はこの川の水を存分に吸い上げて夏期でも平然と己の生きる力としているのではあるまいか。

推定樹齢一千年というのは、ほとんど私たちの想像を絶する凄さである。近くに立って大杉を改めて見上げる。一千年と聞けば、一千年にしてはますます樹勢盛ん、とも解釈できるし、逆に、樹肌になにかしら歳月の重圧、衰えを感知しないではいられない。歴史というものは何事によらず万般、両義的なものである。

大杉を中心にゆっくりと一巡する。

右から左へ。左から右へ。いずれが生理的に実感が湧くのかいつも思うのであるが、逆時計回りの方が実感が強いような気がしている。

こうして一巡してみると、仰ぎみる方角によって、一本の巨杉の表情もさまざまに変わる。どんな木でも、普通、人間がやってくる方向に向いた顔がその木の正面である。木が改まって、人間に礼儀作法を見せているのである。その正反対が木にとっても後姿である。長い年月の間に、誰かがそっと、「正面を向いているのに、こんな枝があってはみっともない」「いや、こっちの枝は切って、こっちの枝はうんと延ばしてやりたい」などと、生長の手頃の段階で、折に触れて村人たちが少しずつ、無意識のうちに、現代流にいえば、格好よく手当てしてきた。その結果、やがて限界点にまで生長し、その木ならではの独特の風格、風貌とともに、いわゆる表の「顔」として仕上がったのではないかと想像している。

それ故に、巨木は裏へ回ったり、横合いから眺めた時の方が、かえってその木が潜在的に秘める無気味なエネルギーやくせが露出していて、鑑賞眼を満たしてくれる場合があるのだ。

「虫川の大杉」を仰ぎみながら、私はしばらく周囲を巡った。

表向きの威厳に満ちた表情とは対照的に、うしろへ回って眺める大杉は案外、野生味を帯び、奔放なるエネルギーを放出しているようにも見える。

根元から梢まで三〇メートルといわれる高さは、いってみればこの頃のオフィスビルの六階から八階クラスの高さに匹敵する。この間につぎつぎに延びる大小何十本もの枝々は、そっくりこの巨杉が風雪に耐え抜いた履歴であり、証明でもある。風や雪で欠損したであろうはずの枝の跡もたくさん見受けられる。

大杉もまた風や雪と闘い、そして耐え抜き、生きざまの結果としての己の顔、形、姿を現《うつつ》として、いま人間の前に立っているのだ。

厳しくも慈しみ深い自然

伝承によると、白山神社建立は平安初期、大同年間（八〇六―八〇九）という。大杉は推定樹齢一千年とされるが、仮に右の大同年間に大杉の植樹を想定すると数字上は一二〇〇年が経っていることになる。ただ『浦川原村村史』〈年表〉によれば正確な建立は永承四年（一〇四九）、平安中期。当時の木であるとして数字を示せば平成十八年（二〇〇六）現在、九五七年となる。その後、何回か修築している。はっきりしているのは鎌倉時代、正安元年（一二九九）。次は江戸時代、寛永五年（一六二八）。ただし、この間三二九年あるから、修復、再建がなかったとみるのは不自然であろう。このあとの本殿再建は文化九年（一八一二）の記録があるから、平成十八年現在、一九四年経過している。

越前、加賀、美濃三国の要《かなめ》、白山（標高二七〇二メートル）を開いたのが泰澄《たいちょう》（六八二？―七六七）であるが、白山信仰圏は海運との関係もあって日本海側では北陸から越後よりさらに北まで延びる。この地に白山神社が造られたのも上杉謙信（一五三〇―七八）の勢力北進によるものらしい。だからそれ以前の神社形態はやはりこの虫川地域の守り神として発したものであ

◉左側、地上六メートルほどの高さ、鉄板で覆われた部分は安政年間(一八五四—六〇)の大雪で大枝が折れた跡だという。
【撮影】小森立雄

ろう。ただ、境内の中心に一本だけずば抜けて大きい木が祭られていることはどう考えても、大杉こそが神体木であったことを想像させる。すると、長野県の諏訪大社を中心とする、長野、新潟に圧倒的に多い諏訪信仰(巨木信仰)の名残りではあるまいか。「諏訪神社もだんだんにこの辺にありますよ」という土地の古老の話であった。

ところで、二つ、興味を抱かせる事柄がある。

一つは「虫川」という地名についてである。二つ目は、「虫川の大杉」なるこの巨木がこの土地の人びとにとって何であったのかということである。『浦川原村村史』をみると「虫川」について三つの理由が想定されている。

①川に虫が群がり飛ぶ。

②虫祭りに関係する。

③虫食いのように欠けた洲《す》のところに発達した集落。

私は大杉に別れを告げたあと、付近を散策し、途中で出会った古老に昔のことなどを聞いたりした。その結果、③が妥当ではあるまいかと思った。この谷は直江津へと注ぐ保倉川が主流だ。先の白山神社の前を流れる細野川と、集落の下手で左側から流れる小黒川とが合流する。明治時代までは直江津から船が川をのぼり、米をいっぱい積んではくだって行ったものだという。現在は全体に水流乏しく、昔の面影はない。当然、昔は川幅広く、洲はところどころ顔を出していたはずである。つまり「虫川」ということになる。

推定樹齢一千年の「虫川の大杉」には、なぜかこれという伝承は見当たらない。では、ただ漫然と一千年の歳月がゆったりと流れただけのことか。そんなことはあるまい。この巨杉はずっと村人たちの心の支えであり、励ましでもあり続けたはずである。くる年もくる年も、いつも、心改めての大杉への願いや誓いがあってこそ、木はかくも大事に、守られ、そして、そのことに応えるべく堂々として村人たちの前に姿を現わしているのである。

この心の奥にはきっと何かがある。そういう思いにせき立てられるまま、私は大著『浦川原村村史』からの災害記録の頁に目をやった。

そして、思わず身震いしたのだった。

そこには驚くばかりの大小の自然災害の数々が記録されていた。単に記録されていたのではない。村人たちが、これだけはどんなことがあっても見逃してなるものか、忘れてなるものか、と、丹念に、根気よく、記録してきたものに違いないのだ。

古い時代のことは当然のことながら定かでない。しかし、徳川時代に入るとはっきりしてくる。それは明治以降、昭和に至るまで、それも戦後になってからもなお続くし、平成の現代もやはり続行中なのである。細かなことは省くが、主なことだけを次に掲げてみる。

古い時代の記録はない。詳細をきわめるのは江戸中期以降とみてよい。

奈良時代　特になし
鎌倉時代　弘長二年（一二六二）越後、飢饉。
南北朝時代　特になし
室町時代　特になし
安土桃山時代　特になし
江戸時代
　寛文五年（一六六五）豪雪。
延宝三年（一六七五）飢饉。
　同八年（一六八〇）同。
天和元年（一六八一）豪雪。
元禄四年（一六九一）保倉川はんらん。次いで元禄八―十二、十六年、はんらん続く。
　同八年（一六九五）凶作、飢饉。
宝永三年（一七〇六）保倉川はんらん。同四、七年もはんらん。
享保二年（一七一七）地すべり発生。
　同三年（一七一八）保倉川はんらん。続いて四、六、七、九、十三、十四、十六―十八年もはんらん。

同十二年（一七二七）大洪水。翌年も大洪水。

同十四年（一七二九）大干ばつ。同十七年まで連続、飢饉となる。十七年は豪雪にもなる。

元文元年（一七三六）保倉川はんらん。同二、五年もはんらん。

寛保元年（一七四一）保倉川はんらん。同二、三年も連続はんらん。

延享元年（一七四四）保倉川はんらん。同三、四年も連続はんらん。

寛延元年（一七四八）保倉川はんらん。同二、三年も連続はんらん。

同四年（一七五一）大地震。

宝暦二年（一七五二）豪雪。

同四年（一七五四）長雨、凶作。

同五年（一七五五）冷害、大凶作、飢饉。

同七年（一七五七）凶作。

明和元年（一七六四）大干ばつ。

同五年（一七六八）長雨、日照り、病虫害、大悪作となる。

同八年（一七七一）大凶作。

同九年（一七七二）長雨。大悪作。

安永四年(一七七五)六〇日間降雨なく大干ばつ。

同五年(一七七六)保倉川はんらん。以後九年まで連続はんらん。

同八年(一七七九)あられ降る。大凶作。

同九年(一七八〇)干ばつ。大悪作。

天明元年(一七八一)大洪水。土砂崩れ。家屋流失。

同三年(一七八三)豪雪。保倉川はんらん。天明四、五、六、八年、はんらん続く。

また、この年は長雨、低温。凶作。飢饉となる。浅間山噴火、降灰続く。

寛政元年(一七八九)保倉川はんらん。同二—四、六、八—十二年とはんらん続く。

同七年(一七九五)大悪作。

享和元年(一八〇一)保倉川はんらん。翌年もはんらん。

文化元年(一八〇四)保倉川はんらん。同二、三、五、八、九、十三、十四年もはんらん続く。

文化九年(一八一二)干ばつ。

同十年(一八一三)豪雪。

同十二年(一八一五)干ばつ。

文政二年（一八一九）保倉川はんらん。同三、四、六―八、十二年も連続はんらん。
文政十一年（一八二八）干ばつ。長雨。稲実らず。
天保二年（一八三一）保倉川はんらん。天保三、四、十一年、連続はんらん。
　同四年（一八三三）大凶作、飢饉。
同七年（一八三六）大凶作、飢饉。
同八年（一八三七）村々に飢饉のため餓死者出る。治安悪化。
同十年（一八三九）作況三分の悪作。
　同十二年（一八四一）豪雪。
弘化元年（一八四四）干ばつ。大悪作。
嘉永六年（一八五三）大干ばつ。
安政三年（一八五六）豪雪。
　同六年（一八五九）保倉川はんらん。
万延元年（一八六〇）保倉川はんらん。悪作。
天治元年（一八六四）保倉川はんらん。
慶応元年（一八六五）保倉川はんらん。同四年もはんらん。

明治時代

明治三〇年(一八九七)保倉川洪水。流域の橋は大半流失。

大正時代

大正三年(一九一四)暴風雨。家屋流出二四戸、死者二九名。

昭和時代

昭和六年(一九三一)豪雪。

同九年(一九三四)大凶作。豪雪。雪崩発生。死者一名。

同十三年(一九三八)豪雪。

同二〇年(一九四五)豪雪。

同三九年(一九六四)新潟地震。

同四三年(一九六八)豪雪。

同五九年(一九八四)豪雪。最高積雪三メートル五八センチ。

(以下略)

天明、天保の大飢饉は承知している。

しかし、こうして逐一、書きとめながら私は次第に重苦しい気分になったのであった。これではまるで災害のなかった年を拾いあげる方がはるかに困難というべきである。

日本人が、白いご飯を日常、口にすることができるようになったのは、いったいいつの頃からか。いまも田舎では「銀メシ」などと呼ぶところもある。物差のおき方によっては天と地ほどの見解の違いを生むだろう。通常の解釈では江戸中期、元禄あたりからかもしれない。しかし、職、階層、地域性や生活、生業形態の相違、条件等により、想像以上の落差があるのだろう。

二・二六事件（昭和十一年）に象徴される昭和初期の東北農村の困窮は、米のメシの暮らしとは無縁の位置にある。戦後においても、都市部の経済繁栄のかげで、岩手県山間部の子等は学校給食すら事欠いた。「日本のチベット」なることばが全国に流布されたこともある。生業面でいえば米のできぬ山間部の人たちは古来、ソバを常食とし、トチやクルミなど木の実なども組み合わせて生きてきた側面がある。サツマイモの効用については周知のとおりであるが、稲作日本は表看板には違いないが、その時々の状況、地域的条件等により、日本人はアワ、ヒエ、ソバ、麦、豆類などを巧みに補給したり、組み合わせたりして飢えをしのいできたのが実態である。京の都や、江戸、上方の庶民層は別として、農山漁村に暮らしてきた多くの日本人の暮らしはそうであったであろう。これは必ずしも生活レベルの低位であることを強調する話ではない。生きていく日本人の知恵でもあった。いってみれば彼等は稲作以前、縄文以来の「食《しょく》」の知識、知恵をよく温存し、かつ生かし、組み合わせることによって、飢餓を切り抜けてきたともいえるのである。自然災害に対する経験知を身につけ、たくましく生き抜いてきた面にも目を向けねばならない。

この白山神社の境内にも、年ごとに秋の祭りには五穀豊穣、豊年満作ののぼり旗が立てられ、村人たちが賑やかにくり出してきたことであろう。不作の年もあれば、冷害に泣き、豪雪に悩まされ、田畑の流失に絶望した年も数多くあったことは先の記録が物語っている。では村人たちは、鎮守の祭りを取り止めたのであろうか。

神事である。そんなことはないわけで、むしろ次の年への再起と豊穣への祈りを胸に、神へ誓い、祭りばやしに情念のすべてを燃焼させたのではなかったか。そして、その祭りの中心に、この「虫川の大杉」が超然として常に君臨していたのである。巨木は厳父であり、同時に慈母であった。

そして、この巨木こそは、何代にもわたるこれら村人たちの本当の心を目撃し、現代にその息づかいを正確に伝える証言者なのである。しかし、現実に仰ぎ見る「虫川の大杉」はそのことを言葉としては一言半句も発しはしない。そこが巨木と人間との面白いところでもあり、皮肉でもあり、恐ろしいところなのである。巨木の本当の心を想い、その声に耳を傾けようとしなくなった時、人間という生きものは歴史と大自然とからこっぴどい裁きを受けねばならなくなるのであろう。「虫川の大杉」はやはり現代の閻魔大王様かも知れない。

3章 天翔《かけ》る楠の壮大なロマン

◉楠珺社の御神木「楠」大阪市指定保存樹

【推定樹齢】1000年
【目通り幹囲】主幹9.8m
【樹高】18.5m
【所在】大阪市住吉区住吉
【写真提供】住吉大社

一本の巨樹は、我らが父祖たちの空想力をどこまで強く、そして高くかり立てたのであろうか。

その答えを明らかにしてくれているともいえる楠の巨木が、大阪・住吉大社の境内のいちばん奥まった一角にある。推定樹齢一千年。「楠珺社《なんくんしゃ》」と呼ばれる神木・楠の老樹がそれである。この楠を見た時、古代神話世界はなんと現代に生きていると私は直観した。

私たちの父祖たちは、太古より各樹種ごとにその長所、短所、特徴、用途などについて十分熟知していたにちがいない。たとえば『日本書紀』にスサノオノミコトが示されたという次のような記述がある。

杉及び樟《くす》、このふたつの木は、以て浮く宝とすべし。檜《ひのき》は以て瑞宮《みつのみや》を作る材《き》にすべし。
槙《まき》は以てうつしきあおひとくさの奥津棄戸《おきつすたへ》にもち臥《ふ》さむ具《そなへ》にすべし。そのくらうべき八《や》十木種《そこだね》、みなよくほどこし生《う》う。

杉、楠、檜、槙、それぞれの用途を教えた記述としてよく知られる。『日本書紀』は船を「浮く宝」と表現するほか、『古事記』も含め「天盤楠船《あまのいわくすぶね》」「天鳥船《あまのとりふね》」などと呼んでいる。「天《あま》」は必ずしも「天《てん》」を意味せず「海《あま》」でもある。「盤《いわ》」は磐石、堅牢を意味する。「鳥船」とは言い得て妙。海上をすいすいとすべるように進む船の姿は、空を飛ぶ鳥の雄姿に重ね合わせられている。実に純真、おおらかな空想力である。古代神話世界に共通するこの汚れなき空想力こそが、人に新たな挑戦力、冒険心を教えてくれたはずである。ここでは大いなる「木」が大いなるロマンの中心軸となっていることが分る。

住吉大社と楠の木

住吉大社は大阪随一の初詣客で知られ、毎年、正月三が日で約二五〇万人が参るという。大社は海の神様、航海安全の神として、全国的信仰を集める。私が住吉大社にお参りしたのは平成十五年の夏真っ盛りの頃であった。大阪市住吉区住吉二丁目がその鎮座地。地下鉄と南海電鉄を利用、南海本線の住吉大社駅で下車、徒歩五分。道路を渡ると鳥居があり、白砂の参道が延びている。楠の木が船材に適していることはスサノオの教えに明らかであるが、境内には何本かの楠の大樹が見られる。航海の神を祭る神社に楠の木はまさに象徴的な樹種であるといえる。

静寂の境内に強烈な色彩をそえる朱色の太鼓橋は、「反橋《そりはし》」とも「珠橋《たまはし》」とも呼ばれる。「珠《たま》」は当然「霊《たま》」でもある。一般に橋は此岸《しがん》と彼岸《ひがん》を結ぶもの。こちらが俗の世界であるとして、橋を渡った先にあるのは神(仏)の聖なる世界である。そして船もまた、こちらの世界から異界へと渡り、運んでくれる不思議な乗り物であるというわけである。死者は船棺に納まる所以でもある。

「反橋は上るよりもおりる方がこわいものです　私は母に抱かれて　おりました」

橋を渡った右手、木立ちのかげに、こんな文字を刻んだ小さな文学碑があった。川端康成の作品『反橋』の一節である。明治三二年(一八九九)、大阪・天満此花《このはな》町に生まれた川端康成は数え二歳で父を、三歳で母を失った。幼き日、母に手を引かれてこの橋を上がり、そしてやさしく母に抱かれて橋を渡り終わる。遠い日の、再び戻ることのない母との記憶なのである。「反橋」というこの異形な橋が喚起する川端の心の原風景が文字として石に刻まれ、いまもあたりを浮遊している。

川端康成の碑のすぐそばに楠の古木がある。しめ縄を巻いてあるから御神木である。さきほど太鼓橋を渡るとき、右手に高々とそびえる楠の木があった。日に映えた緑の葉がそれこそ宝石を思わせるように美しく輝いていたが、本体はこの木であった。太鼓橋の左側へと歩いて行くと、ここにも楠の老樹がある。こちらは老化が相当にすすんでとても元気とはいえない。根元を見ると「誕生石」と名づけられた石が一つ。源頼朝の寵愛をうけて懐妊した丹後局《たんごのつぼね》が住吉大社に参詣し、にわかに産気づき、この石を力石として無事に出産したとあ

◉住吉大社の境内にある
朱色の太鼓橋「反橋」。
橋を渡って異界へ。

る。その子がのち薩摩国、島津の祖、忠久だという。石にまつわる民間伝承である。

住吉は美しい松林の風景としても古くから知られた。社務所の話では天明年間(一七八一―八八)、次々と松が枯れていった。これを憂えた俳人・加部仲ぬり、妻吉女《きちじょ》が大伴大江丸と図り、境内茶屋にて松苗の献木をすすめ、その植主に一首一句を請うて献詠を募り、『松苗集』十三冊を住吉御文庫に奉納したという。神威を借りての植樹キャンペーンだが、この故事にちなみ、いまも俳句を全国募集、優秀句を神前に披講、松苗の植樹を神事として続けているとのことである。海に近い境内は当然、黒松である。ただ、第四本宮前には一本だけ特異の巨木、カイヅカイブキ(ビャクシン属)がある。幹周二・九メートル、樹高一〇・五メートル。昭和四三年、大阪市保存樹に指定された。

境内域約一〇万平方メートル。古代より住の江と呼ばれた澄み切った入江であった。楠は当然、古代からこのあたりに生えていたのであろう。また、松は植相としては後発組であるが、先述のように殊に室町時代などは美しい景観をみせていたと思われる。戦後の環境激変により、松が全国的に受難したことは知られるとおりである。

船材――航海安全――太陽――三ツ星

記紀によると、イザナギノミコトが、亡くなられた女神イザナミノミコトを追って黄泉の国《よみのくに》

◉境内に特異の巨木、カイズカイブキ。第四本宮前。

に行ったとき、望みを果たせず、逆に黄泉の国の汚穢《けがれ》を受けたので、それを洗い清めるため、筑紫《つくし》の日向《ひむか》の橘《たちばな》の小門《おど》の憶原《あはぎはら》で海に入り、みそぎ祓《はらい》をされた時、海の底より底筒男命《そこつつのおのみこと》、海の中程より中筒男命《なかつつのおのみこと》、海の表面より表筒男命《うわつつのおのみこと》の三神がお生まれになったとされる。この三神を総称して「住吉大神《すみよしのおおかみ》」と呼んでいる。あるいは「住江大神《すみのえのおおかみ》」「墨江三前《すみのえのみまえ》」とも称する。禊《みそぎ》、祓《はらい》の神格をもって出現した住吉大神は、かくて神道においてもっとも重要な「祓」のことを司っているとされる。

住吉大社には右三神と合わせ、神功皇后《じんぐうこうごう》も祭っている。即ち、

第一本宮　底筒男命
第二本宮　中筒男命
第三本宮　表筒男命（以上　住吉大神）
第四本宮　息長足姫命《おきながたらしひめのみこと》（神功皇后）

である。

鎮座の由緒は神功皇后の新羅《しらぎ》遠征（三韓遠征）神話に深く関わる。仲哀天皇の御代、熊襲《くまそ》は新羅と手を結び反抗を繰り返す。皇后は仲哀天皇と共に九州へ遠征されるが、仲哀天皇は崩御《ほうぎょ》、その難局に、住吉大神の神託によって神功皇后は熊襲を平げ、さらに反抗の本拠、新羅に進出、勝利する。この時も「和魂《にぎみたま》は王身《みみ》に服《したが》いて寿命《みいのち》を安らむ、荒魂は先鋒《いくさのさき》として師船《みいくさのふね》

を導かむ」（『日本書紀』）と住吉大神の神託があった。凱旋の途次、三神は「わが和魂《にぎみたま》」をば大津の渟《ぬ》中倉《なくら》の長峡《ながを》に居《ま》さしむべし、便《すなは》ち因りて往来《ゆきかよ》う船を看《みそなは》さむ」（同）とのたまい、ために航海安全であったという。この「渟中倉」の場所が、和泉山脈の先端が大阪湾に突出した台地の基部にあたる住吉大社の地であるという。ここは津守氏の祖、田裳見宿禰《たもみのすくね》の居住地であったが、これを住吉大神に寄進し、津守氏は代々、住吉大社の神主を勤めることになったという。鎮座は神功皇后摂政《せっしょう》十一年辛卯歳《かのとうとし》の卯月《うづき》の上の卯日《うのひ》といわれる。神功皇后も「大神と共に相住まむ」（『住吉大社神代記』）といわれ、以後、三神と合祀されることとなったといわれる。

　神功皇后についても実在視する説、疑問視する説あって一様ではない。しかし、住吉大神は出現そのものが海に関係があることは動かしがたく、古くより航海関係者、漁民の間に深く信仰され、遣唐使出発に当っては必ず奉幣祈願が行われたという。『延喜式』神祇八には「遣唐使時奉幣」の祝詞《のりと》があるとのこと。近世に入って廻船による海上運輸が発展すると、廻船問屋、船頭の間にも住吉信仰は大いに広がった。

　さて、最大の関心事は当然、底筒男命、中筒男命、表筒男命、三神の本体である。解釈、見方、一様には行かぬようだが、大和岩雄氏筆述「住吉大社」（『日本の神々』〈第三巻〉谷川健一氏篇　白水社刊）によればおよそ次のようにうかがわれる。

「ツツ」は「粒《ツブ》」の古語。オリオン星座の三つ星だとする。この三つ星が海から直立して一つ一つ海から現れる姿をいったのではないか、とする。初冬の頃、真東から現れるときは縦一文字となって立つ。漁師たちは三ツ星を土用一郎、二郎、三郎と呼び、その三日にわたり、沖から一つずつ昇るという。大海を往く航海者にとって安全の目印である。昔の人は、本当に海の中から星が出現してくると信じていた。底筒、中筒、表筒男神と命名しておかしくない。三つ星は農民にとっては種まきを知らせる星。住吉大社の御田植神事は著名だが、その日は六月十四日である。

別に、「金星」を「ユウツツ」(夕筒)として、これを古代航海の神とした(安曇氏)説もある。金星は一年を通じて西または東に出現し、位置により天高く、または中位、または低くにある。しかし、大旨、三ツ星説が有力視されるとのこと。

ここで想起されるのが、先述の第一より第四に至る四棟よりなる本宮の構成である。誰しもこれを特異の構成とみてとる。

「住吉造」と呼んで、もっとも古い神社建築様式の一つとされる。

間口二間、奥行四間、屋根は桧皮《ひわだ》ぶき、切妻《きりづま》、置千木《おきちぎ》と五本の四角の堅魚木《かつおぎ》を備える。入口は妻入《つまい》り、回廊はなく、内部は内陣、外陣とに分かれる。現在の社殿は文化七年(一八一〇)の建築、建造以来一九〇年余り、四殿とも国宝に指定されている。丹《たん》・胡粉塗《ごぶんぬり》の本殿各棟はきらびやかななかにも実に落ち着いたたたずまいを見せる。

先述の如く、住吉大社でもっとも特異とされるのは一列に並ぶ第一本宮より第三本宮に向かって右に第四本宮が並ぶという、ほかではみられぬ配置である。

この謎も、第一本宮より第三本宮までは、三ツ星の具象化と解すれば理解できることになるという。

第四本宮はこれと違った配置である。第四本宮は重ねていえば息長足姫命(神功皇后)を祭ったもの。そして、正面に船玉神社、後方に「ミアレ木」(御阿礼木《みあれぎ》)がある。樹種は杉である。神木を「高天原」とか、「五所御前」と呼ぶ。そして三つの本宮に併列して一直線上に並ぶ。

◉第一本宮から第四本宮までの「住吉造り」は、もっとも古い神社建築様式の一つ。

その意味であるが、専門家の解釈によると、天より神木に降臨した神は息長足姫命（神功皇后）を中継とすることにより船玉神となる。その船玉神は、即ち、住吉大社の荒御魂であり、息長足姫命は「ヒルメ」（日女《ひるめ》）の役割を有する。応神天皇に仕える巫女の位置。「星」とは文字どおり、小さな「日」が「生」まれたものである。

ということは「星」を意味する三神に仕える。先述の如く、住吉大社の鎮座は「卯月卯日」であるが、その「卯」は三つ星と太陽が昇る方向で、「スバル」（昴）はまさにその方向に輝く。かくて住吉大神の正体は海を往く古代人たちが奉斎した星と太陽を神格化したものであったろうとされるのだ。

明解ではあるまいか。

このことと楠の木はどう関わるのか。答えは出ているようなものだ。

楠が古代、船材としてさかんに用いられたことは既に記した。

『住吉大社神代記』には神功皇后の熊襲征伐や新羅遠征の船を作り、神功皇后、日の御子を乗せたのは大田田《おほたた》命であった。その大田田命は船木氏の遠祖だという。その船木氏は先述、津守らと共に住吉大社の大禰宜《おおねぎ》、大祝《おおほうり》であるという。船木氏が造った船を武内宿禰《たけのうちのすくね》が祭ったのが船玉神で紀氏神《きのうじのかみ》であるという。紀州は楠の木材を出し、熊野の船は古来知られる。そして、船には帆柱があり、そこを伝って「船霊」つまり「日の神」は降りる。即ち「筒柱」

と呼ぶ。その「筒柱」の下に「船霊」を納める。「船木」は船材のみならず、「船霊」降臨の木をも意味するとみるとき、それを象徴化したものが、「五所御前」の神木ということになる。伊勢神宮の「心《しん》の御柱《みはしら》」も構造図としてみると、これと同じことがいえるのではあるまいかとの示唆である。

ここまできて、私には「楠珺社」と呼ばれる、あの楠の老樹の存在が急に現実味をおびて強く感じられてくるのであった。

この木は境内のもっとも奥まったところにある。正しくは住吉大社の摂社である。一見して、老樹そのものが神であり、木は大阪市の保存樹に指定されている。推定樹齢一千年とされる。ここでは残念ながら、楠の木のたくましさは消えている。老樹の哀れでもある。祭神は宇迦魂命《うかのみこと》(米)となっている。祭日は毎日、初めの辰の日が当てられる。ために「初辰《はったつ》さん」と親しまれ、この日に参拝して招福猫を受け、四八か月続けると「始終発達」すなわち四八辰の福が授かるという。江戸時代、日本海の出羽、酒田を起点とした西廻りの廻船は約五〇日、しかも天候異変予知のため船には猫を乗せた。これで楠珺社信仰は海運と、古代以来の船材、そして船玉につながる楠の巨木信仰(住吉の神に重層)にみごとにつながっていることが分る。

楠の木がもっとも多く繁っているのは九州であるが、知られるとおり福岡県宇美町には神功皇后ゆかりの楠の巨木が二本ある。「湯蓋《ゆぶた》の森」「衣掛《きぬかけ》の森」がそれで、ともに国指定の天然記念物。しかも、この二本とも応神天皇出産の物語が伝承されている。楠の木の豊満なるエネルギーがそのまま出産のイメージを誘発したのであろう。「海」は、「生《う》み」「産《う》む」に収斂されてゆく。

かくて、太古日本人が楠の大樹を以て描いた空想ロマンの「弧」とは、まずは大いなる楠の木に発し、続いて「船材」―「筒柱」―「船霊」―「航海安全」―「太陽」―「三ッ星」と続く壮大なる心理劇そのものではなかったかと、父祖たちの想像力のたくましさに今さらながら圧倒されるのである。

4章

坂東霊場、大慈大悲の慈光《じこう》寺の榧《かや》

◉御仏の面影を宿す「大榧」埼玉県指定天然記念物

【推定樹齢】1000年
【目通り幹囲】6.6m
【樹高】16m
【所在】埼玉県比企郡ときがわ町西平
【写真提供】ときがわ町教育委員会

奥武蔵の名刹とされる埼玉県比企《ひき》郡都幾川《ときがわ》村（現ときがわ町）西平《にしだいら》、慈光寺のかつての広大な寺域の東端と思われる所に、推定樹齢一千年の榧の木の巨樹がある。世の中のいわゆる茶の間に居ながらにしての世界高度情報化の反動として、人の心は未開、未知、秘境へと目を向ける傾向にある。かつての武蔵野の面影が、都市化の波により消滅同然となったいま、人々の関心が奥武蔵へ移るのは自然の成り行きと言える。

川越の北、入間《いるま》川を境に、秩父の入口、寄居あたりまでが奥武蔵といわれる地域であるが、ここ都幾川村は東京への通勤圏からも外れる。先に述べたとおり「比企」は「低《ひく》」であって、関東平野に張り出した山もこのあたりでは丘陵に変わる。都幾川の「都幾」は崖を示す「土岐」であって、現地は細長い谷となっており、深く崖を刻んで都幾川が流れている。都幾川はくだって越辺川に合し、さらに荒川に合して東京湾に注ぐ。

西国三十三か寺の巡礼に対応して、関東には坂東三十三か所霊場が開かれ、秩父には別に三十四か所霊場が開かれた。合計百か所となるわけだが、慈光寺は坂東三十三観音霊場の第九番でもある。

坂東とは関八州をいう。武蔵、相模、安房、上総、下総、上野、下野、常陸の計八か国。全行程三〇〇〇余里というから約一二〇〇〇キロ以上ある。第一番は杉本寺（鎌倉）。第九番が慈光寺だから、その前の八番はどこかというと、これが星谷寺（神奈川県座間）である。ちなみに十三番が浅草寺（東京）、第十八番が中禅寺（栃木県日光）。打ち止めの三十三番は那古寺（千葉県館山）だ。関八州を大きく時計廻りに、地勢に沿ってオメガ型に完結させているのである。海辺に始まり、海辺に終わる。その極点が関東山岳修行の拠点、日光男体山の麓、中禅寺という全体構図は面白いと思う。実は慈光寺も、昔は修験道場であった。奥武蔵に暮らす私は何回か慈光寺に足を運ばせてもらい、そこである時、貴重な榧の巨樹に出合ったのである。

聖地の七木、七井、七石

旧都幾川村は面積四一・三九平方キロ、平成五年三月現在の人口八千七六〇人という林業主体の農山村である。都幾川の水源は村の背後にそびえる堂平山《どうだいら》（八七六メートル）。村の中で唯一ひろやかなのが西平というところだ。ここに川をはさんで西北の山中にあるのが慈光寺、東南方向の山麓にあるのが萩日吉神社である。日吉信仰は山の神で、神の使いが猿であることは知られるところ。慈光寺は標高約三〇〇メートルに位置し、山号は都幾山。ここから直線距離にして約二・六キロ地点に萩日吉神社がある。

伝承によると、慈光寺の歴史は慈光翁なる人が僧慈訓に千手観音像を刻ませて安置したのに始まるとされる。慈光翁、僧慈訓がいかなる人物であったかは不明。また右にいう千手観音像なるものも失われていていまはない。その後、役行者が西蔵坊を建立、唐招提寺鑑真和上(六八八―七六三)の弟子釈道忠《どうちゅう》が丈六の釈迦像を刻み、第一世住職となった、というのが慈光寺草創期の伝えである。

ここでいう道忠がいかなる人物であったかは、これまた明らかでないが、奈良から多くの技術者を引き連れて当地にきたといわれる。寺院経営のためには鐘造りのための鋳物師、経文を書くための筆、墨、硯などの筆記用具、それに用紙(紙すき職人)、宮大工等が絶対に必要である。道忠はそういう技術者を連れて一山を開始したというのであるから、当時、未開地における一大文化プロジェクトといえる。

都幾川村の隣、小川町は国指定の伝統和紙「細川紙」の町として知られるが、その始まりは慈光寺の経文用紙の製造需要にあった。これが産地化を果たし、江戸時代には江戸商家の大量の大福帳などの供給地として栄え、俗に「ぴっかり千両」の名がついた。「ぴっかり」とは、優良のこうぞ繊維により漉きあげた和紙の感触を讃えて言ったものだ。

第百七代、前住職佐伯明了氏(七二歳。平成十四年八月現在)に会ったが、「『本朝高僧伝』に、道忠は鑑真の弟子、導師として東国へ赴き、民衆からあがめられ、慈光寺を創建したとある」と言っておられた。また、群馬県藤岡市浄法寺《じょうぼう》、旧多野郡鬼石《おにし》町にある浄法寺には道忠の供養塔があるという。これから想像されることは、道忠は何らかの形でもともと関東に縁あり、しかもかなりの影響力をもっていた人物ではなかったか。寺はその後、貞観年間（八五九―七七）に天台別院一乗法華院と称し、鎌倉時代に入っても隆盛。現在も天台宗である。

関東最古の写経として知られるのが一一三〇年余も昔の貞観十三年（八七二）の『大般若経』で、奥書に前権大目《さきのごんだいさかん》従六位下安倍朝臣小水麿《あべのあそんおみずまろ》とあるところからこの人物が奉納者とみられている。小水麿は上野の「多胡碑」にある「羊《ひつじ》」と関連ある人物らしいが、なぜこの写経が慈光寺に納まったかは不明とのこと。寛元三年（一二四五）、栄西禅師の弟子、栄朝発願の梵鐘があるが、鋳造者は鎌倉建長寺の梵鐘鋳造の物部重光。ひときわ優雅な装飾で知られる『法華一品経』は国宝である。文永七年（一二七〇）、藤原兼実ら一族の寄進だ。源頼朝は奥州藤原征伐にあたり愛染明王像を奉安して戦勝祈願。畠山重忠（一一六四―一二〇五）は本尊として十一面観音像を奉納。これは現在も安置。江戸時代は桂昌院（一六二四―一七〇五）も帰依。彼女は五代将軍綱吉の母。この頃、一山、実に七五坊の繁栄であったという。

役行者の名が寺歴の始めに出たが。慈光寺は修験道場として栄え、女人禁制が続いた。いま麓の山道脇に女人堂が残っているが、かつて女性信者たちはここに籠ってお参りをすませたのである。

修験者にとって一山は聖地であり、一木一草といえどもそこには神の影が宿っているとされた。ところが、人体にツボがあるように、山にも要所、要所があって、ひときわ神聖とされる場所があるのだ。そこが活力の源泉となっている神秘の場所である。

慈光寺ではこれを「七木、七井、七石」とする。後述する「榧の木」は、この七木のうちの随一とされる。

さて、まず七つの井戸だ。水が神聖とされる意味は改めて説明するまでもない。「独鈷の井」「和田の井」「丹花の井」「塔の井」「阿伽の井」「星の井」「月の井」がそれ。七十五坊もあったから、当然、井戸はところどころに必要とされたはずだ。

次は七石。これは「男鹿岩」「女鹿岩」「信濃石」(牛石)、「琵琶岩」「童子岩」(稚児《ちご》岩)、「冥官《みょうかん》岩」「冠《かんむり》岩」である。『慈光寺実録』(一八〇〇年)には、修験者は毎年四月十二日、慈光三山と称す鐘岳、堂平山、笠山を回峰、次いで秩父の峰々を巡って六月十八日、富士登山、七昼夜の強行修行を課し、岩場で冠を解いてほら貝を吹き鳴らす。この音を聞いて各坊より出迎えがでたという。尾根筋の一角にある冠岩がその場所ではないかといわれる。

最後に七木。七本の樹種は必ずしも一定しないらしい。一般には「柳」「シイカシ」(樹種不明。呼び名はこのとおり)、「五葉松」「大柏」(これが大榧《かや》、栢か?)、「八重の桜」「一本樅《もみ》」「天狗杉」である。『慈光寺実録』に「大柏」とあるのは「榧」であろうとされる。

先の佐伯前住職によれば、松は平松姓の人家のあるあたりに、天狗杉はお堂より少しくだったところにあった。現在、二代目とおぼしき大杉がある。桜は麓の公民館のそばにあって、これも何代目かである。柳と樅は寺からかなり離れてあったらしい、とのことだ。

　これと別に、慈光寺境内にある多羅葉《たらよう》の木は樹齢一千年と伝え、有名だ。

　この木は慈覚大師円仁(七九四―八六四)が天長年間(八二四―八三四)手植えしたとの伝承がある。円仁は下野、都賀《つが》の人。慈光寺はなにかと北関東の人物とゆかりがあるところをみると円仁、立ち寄りの伝承もリアルに感じられてくる。多羅は梵語。モチノキ科の常緑高木。よく知られるとおり葉は長さ十―十六センチで、楕円形で厚く、光沢がある。葉に文字を書くとその文字が黒く浮き出る。「葉書」の語源となったとされ、昔は経文をこの葉の

◉慈光寺へ向かう坂道(慈光坂)の途中、九基の青石板碑群がある。鎌倉時代に建立されたとされる。

裏に書いた。幹周二・七メートル、樹高十八メートルの巨樹。埼玉県天然記念物の指定木だが、昭和六三年（一九八八）春先、雪で太枝が折れ、内部の腐蝕も判明。樹勢が弱っていたのを樹木医による回復施術を行って元気を取り戻している。

御仏の面影を宿す

大概の方は七木のうち、唯一、現在もその存在感を十分に発揮している。この木は、実は対岸の萩日吉神社の、それも社殿後背地の森の中にある。

既述の如く、神仏習合の昔、慈光寺と神社とは何らかの関係があったのであろうが、いまは不明である。もとは欽明天皇六年、蘇我稲目が萩明神として祭ったのに始まるという。平安末期、慈光寺が天台別院と称されるに応じ、こちらは比叡山の山王権現を勧請、萩日吉神社と改めたと伝える。多峯主山《とおのす》（二七一メートル）から流れる氷川《ひかわ》と都幾川との合流点に祭った。いまはそこが神社参道になっている。そしてのちに約三〇〇メートルさがって弓立《ゆみたて》山（四二七メートル）を背に、その山麓に鎮座（西平字宮平）。祭神は大山咋尊《くいのみこと》など七神。旧郷社。要するに山の神を祭るのはこの村が林業によって生業をたてていることを考えれば当然である。神社の方も、頼朝、比企一族、畠山重忠らとつながりは深い。参道の石段脇には「児持《こもち》杉」と呼ばれる杉の巨木もある。

さて、神社の脇の山道を二〇分ばかり登って行くと、大榧入口と書かれた小さな標柱を見つけた。

道は急に狭い石ころだらけの急坂に変わる。人は誰もいない。たぶん山仕事の季節だけ村人たちが入って行くのではあるまいか。さらに十数分、あえぎながら登ると、右手、急斜面の頂上に、まるで巨大な烏《からす》が羽根をいっぱいに広げているかのような黒い影が目に飛び込んで来た。

思わず足がすくむ。求めていた「大榧」にちがいないことはすぐに分かった。

そばの標示によると、幹周六・六メートル。樹高十六メートル。枝張りであるが、斜面に立つ木であるが故に、枝はそろって谷に向かって勢いよく、いっぱいに張り出している。南北二六メートルもある。推定樹齢一千年とされる。埼玉県天然記念物に指定されたのが大正十四年（一九二五）。

いくつか巡りきたった巨木のなかでも、もっとも印象に残る、いわゆる玄人好きの名木というに価する。榧という樹種がかもし出す独特の雰囲気はもちろんある。あるが、それだけでは説明のつかぬいぶし銀の味がこの木にはある。

私には、この木がなぜ、こういう位置にあるのか。あるていど納得できる。

ここからはるかに東方に位置するが、埼玉県坂戸市に中里というところがある。高麗川のほとりにある小さな集落だ。ここに、道の脇に「中里の一里塚」と称する場所があって昭和五〇年(一九七五)、坂戸市の史跡に指定されている。しかも、榎の古木が一本ある。榎は東海道をはじめ、好んで道標として植えられた樹種である。ここの榎の古木も二、三百年は経っているらしい古木である。では何のための一里塚なのか。慈光寺への道は坂東三十三所巡礼が盛んになるに連れ、そのコースも少しずつ変わったらしい。川越方面からめざす人は、この場所を通過してまっすぐ慈光寺に向かったらしい、というのである。すると、諒解できることがある。川越より毛呂《もろ》、越生《おごせ》を通過した善男善女が慈光寺へ向う最後の山はこの萩日吉神社の裏手の山であり、その八合目あたりの信仰の道を通って、初めてくだりにかかる。しかも、その斜面は慈光寺の方を向いているのだ。山の背を回ったとき、そこはすでに聖なる神仏(神仏習合の時代、現代のような区別は意識しなかった)の世界なのである。大榧は慈光寺にとってはいわば東の門に位置する境界木ではなかったか。それ故に、「七木」随一の神聖な木としてあがめられたのではなかったか。

慈光寺は坂東霊場第九番であることは再三述べたが、第十番は埼玉県東松山市の正法寺。第十一番は同じく比企郡吉見町、安楽寺だ。慈光寺は地図の上で眺めても、ひと息つき、休養をとるべき場所なのである。

私には、昔、信仰厚き男女が、杖をつき、静かに名号を唱えつつ、山道を越えてこの大

◉慈光寺境内の多羅葉樹。慈覚大師お手植え、樹齢一千年以上の古木の葉は今も厚く光沢がある。埼玉県指定天然記念物。
【写真提供】ときがわ町教育委員会

椪に出合ったときの喜びが分かるような気がする。大椪に慰められ、励まされて、さらにあとひと息。その都幾山は慈光寺をすっぽりと包んで、大椪からだと西方二・六キロの向こうにほの暗く見えるのだ。

慈光寺にお参りすると、私はいつも裏手の急な石段をのぼり、そこにある観音堂に手を合わせる。現在のお堂は文化七年(一八〇一)の再建。お堂には本尊の千手観音像が納められている。

ここからの下界の展望がまたすばらしい。ここに立つと、あの大椪の位置の方向は逆転するから、歩いてきた東方の山の中にあることになる。

　聞くからに大慈大悲の慈光寺《じこうでら》
　誓いもともに深きいわどの

慈光寺のご詠歌である。

大樹は大樹としてのみあるのではない。人とともに、また、仏国、御仏とともにある。観音堂からの眺めに身をまかせていると、椪の巨木にそんな面影が浮かんで見えるのである。

5章

大椎《しい》は日蓮の声を聞いたか

【推定樹齢】700〜800年
【目通り幹囲】7.3m
【樹高】24m
【撮影】2003年、牧野
【所在】千葉県勝浦市 寂光寺

◉日蓮を彷彿とさせる大椎。千葉県指定天然記念物名木、古樹をたずねると、有名な高僧伝承にしばしば出合う。もっとも多いのは法然(一一三三―一二一二)や親鸞(一一七三―一二六二)などのお手植え伝承である。しかし、樹齢一千年級ならともかく、推定樹齢数百年前後の木であるのに今から八〇〇年くらいも昔の鎌倉期の僧が手植えしたなどつじつまが合わない。誰かによって作られた伝承だけがひとり歩きしている。

ところが、今回、たずねた椎の巨木だけは現地の状況、伝承等を突き合わせても、どうやらリアリティが感じられるのだ。

これは貴重ではないか。そう思っている巨樹がある。日蓮ゆかりの一本の木である。

黒潮洗う房総、勝浦の山合いで、私はその一本の椎の大木と対面した。平成十五年七月であったが、この木は「上野村の大椎」と呼ばれて、推定樹齢七〇〇―八〇〇年の巨木という。昭和十一年(一九三六)、千葉県天然記念物に指定されているが、なんとも魁偉、異相の風貌だ。

巨樹、巨木などと呼ばれる木はたいてい異形、異相はつきものであるが、この木は樹種が椎ということもあるが、全体として黒々として渋い。しかも、地上よりほどなく主幹が大きく二方向に分れ、そのまま天に向かってのび切っている。なんのことはない。巨大な蟹が大きな鋏を大空に向っていっぱいに広げているかっこうなのである。渋いばかりか光景に錆《さび》がある。とにかく一度見たら忘れられない。そして、折があればまたも尋ねてみたくなる玄人好みにはたまらない巨木の一本であることは、間違いない。上野村とあるのは昔の旧村名で、現在は千葉県勝浦市名木、寂光寺という寺の境内にある。「名木」というのは、この巨木に由来しての地名であることは明らかだ。

寂光寺という寺は昔はともかく、いまは住職が常住しているとまではいえぬ存在感が薄い寺になってしまっているが、かつて日蓮上人(一二二二—八二)布教時には一役買った寺らしい。椎の木の年齢といい、日蓮が生きた時代といい、明らかにこの木と日蓮には接点があるとみてよいのではないか。事実そう思わせる解説がなされている。

そう考えると、日蓮の立ち姿、生きざまと、現実の大椎の雄姿とは不思議とかさなり合って、新たな想像力をかきたてずにはおかない。

民衆とともに生きた日蓮

まずは日蓮という人物の生きざまをよく見ておく必要がある。そのことによって木を見る人間の眼もいっそう奥の深いものとなるだろう。「木」をよく見るということは、人と歴史と文化。総じて人間の「心」を深く正しく掘り当てる営為にほかならない。

その日蓮という人物であるが、たいていの人は敬遠してかかるのではあるまいか。私自身、長い間そうであった。理由の第一はなんといってもその過激性にあるだろう。

しかし、時代の激動期に際しては、民衆は生き抜くために白黒をはっきりさせねばならぬ局面に立たされる。日蓮の過激性もやはり危機に直面した時代が生んだ宗教的巨人であったとみるべきではあるまいか。

歴史的場面でいえば蒙古襲来の危機に直面した十三世紀後半、文永、建治、弘安年間などがまさにこれに当たる。鎌倉幕府、執権北条時宗の時代。あたかもこれが日蓮活動の時代に重なる。そして危機突破の中心軸が教義としての彼が説法した『法華経』であった。

危機の時代は必然的に尋常ならざる雰囲気を生む。民衆の空気が一変する。日蓮の心理はこうした非常時にきわめて敏感に反応した、といってよい。蒙古襲来という外的条件ばかりではない。日蓮の青・壮年期は天災地変もあいついだ。民族レベルでの心理的転換とあらたな行動が求められたはずだ。

もう一つは、日蓮のもって生まれた性格である。体形的には顔は丸顔。闘志型。攻撃的なタイプとはいえまいか（小西輝夫『精神医学からみた日本の高僧』ほか）。併せて、出生のルーツ並びにその風土もある。後年の日蓮は、自ら「日蓮は東海道十五ヶ国の内、第十二に相当する安房の国長狭の郡東条の郷、片海の海人が子也」（『本尊問答抄』、五七歳の時）と記した。

これを疑問視する説もあるようだが、『日蓮』の著者、大野達之助氏はそれでよいのではないか、との主旨を述べておられる。「一介の漁師の子なのだ」というところに、日蓮の開き直り、不撓不屈の強靱なる精神をみてとることもできるし、裏を返せばその点、心理的劣等意識を秘めることにもなる。しかし、人間すべてコインの表裏の関係である。正とも出れば負とも出る。出生のハンディこそが逆に偉大な仕事のバネともなってくるのだ。

この辺は日蓮の民衆性であり、辻説法という自身を民衆の中へ投じての折伏《しゃくぶく》ともなったのだと思う。また、民衆の支持があるが故に幕府はいったん日蓮を佐渡流罪にしてはみたものの、やがて赦免せざるを得なかったのではあるまいか。

「法華経」こそが真の仏教と

平成十五年の年が明けて間もなく日蓮の立教開宗七五〇年記念と銘打った「大日蓮展」が東京国立博物館で開催され、さっそく足を運んだ。

展覧会はなかなかの盛会で、見ごたえのあるものであった。殊に複数の日蓮上人の肖像画や木像、『立正安国論』（国宝、千葉・法華経寺蔵）など日蓮の直筆資料、日蓮筆「曼荼羅本尊」（神奈川・妙本寺）、長谷川等伯（一五三九―一六一〇）の「日通上人像」（重文・京都・本法寺蔵）、本阿弥光悦（一五五八―一六三七）の「舟橋蒔絵硯箱」（国宝・東京国立博物館蔵）など、法華信者、殊に町衆との美術工芸の関わりには興味をおぼえた。

あとは直接、現地に於て、日蓮を肌に感じることではあるまいか。

私はいままで複数回、安房、小湊の誕生寺、清澄寺などを訪れてはいるが、冒頭の大椎のことも気にかかっていたので、展覧会を拝観したあと、改めて平成十五年、二度にわたり、現地に足を運んでみることにした。そして、運んだぶんだけ、大いに現実感を覚えたことであった。

日蓮生誕の寺として知られるのは小湊山誕生寺。日蓮誕生は貞応元（一二二二）年。父貫名《ぬきな》次郎重忠の邸とあるが、現在は鯛が群れ泳ぐ「妙の浦」あたりで地震と津波で海中に没しているとみられている。寺伝では建治二年（一二七六）、この頃は日蓮は身延隠棲中だが、地元興津城主、佐久間重貞の支援により寂日坊日家《にっけ》を二世開山とし、日蓮誕生跡地に高光山日蓮誕生寺として建立されたのに始まる。

立教開宗の舞台となったのはいうまでもなく、清澄寺（「きよすみでら」または「せいちょうじ」と呼ぶ）だ。一般には「きよすみさん」とも親しみをこめて呼ばれる。同町清澄三二一番地。標高三六八メートル、太平洋を見渡す安房第二の峯だ。境内に「千年杉」の名で呼ばれる千葉県随一の巨杉がある。二〇年ほど前に訪れ、それから一度。今回は前年（平成十四年）に続き四度目。「千年杉」というけれど推定樹齢は四〇〇年。日蓮はこの寺で修行したが、杉の木は日蓮とは関係がない。胸高の幹囲十五メートル、樹高四五メートルで、大正十三年(一九二四)、国指定天然記念物に。第一級の巨木であることは確かだが、いちど大風の被害を受けたこともあって訪れるたび樹勢の衰えを感じる。楠の木の古木も境内にあるが、これも見かけ倒しで樹齢はそれほどでもない。

清澄寺の起源は古く、寺伝によれば奈良時代、宝亀二年(七七一)にさかのぼる。不思議律師なる人物がこの地を訪れ、柏樹を材に虚空蔵菩薩像を彫って本尊としたという。慈覚大師円仁(七九四―八六四)が承和年中(八三四―四八)、ここにきて不動明王を手刻、これが縁となって天台慈覚流に所属したという。日蓮在世時代は天台宗。室町以降、真言宗智山派。昭和二四年(一九四九)二月、日蓮宗となっ

◉日蓮が修行した清澄寺。

た経緯がある。過去の火災のため、寺史を裏づけるものは仏像以外にないといわれる。

少年時代の日蓮はこの寺で修行する。日蓮の伝記によれば十二歳の時に二つの疑問にぶつかる。第一は日本は鎮護国家、仏法盛んな国であるのに天照大神の御裔がなぜ不幸になられるのか。安徳天皇は海中に、後鳥羽、土御門、順徳三上皇は島流しとなった。仏は釈尊一人であるのになぜいろいろ宗派があるのか。仏の心が一つなら一宗でよいはず。真の教えとは何か。

つまり新テーゼである。この疑問を解かんと父母の許しのもと清澄山の道善阿闍梨の門に入った。道善房の下には浄円房、浄顕房、義浄房などがいて、日蓮は薬王丸と命名。「日本一の知者となさしめ給え」と、虚空蔵堂にて本尊虚空蔵菩薩に願を立て修行に励んだという。十六歳になって田舎の勉強では限界があると、道善坊のもとで剃髪、是聖房蓮長となり諸国遊学を決意、鎌倉へ。ここで四年。仁治三年(一二四二)、蓮長、清澄山へ戻る。『戒体即身成仏義』なる小論文を著わし法華経こそが本当の経であることを主張。彼、この年、京都、叡山へ。二一歳。ここで数年間、天台学を攻究、諸宗の肝要を知るため園城寺、高野山、四天王寺、京中と歴遊、建長三年(一二五一)の暮か、翌年初めに再び叡山に帰った。歴遊期間は四―五年である。

大野氏の指摘によると、こうした過程での内面思考の結果、一種の悟りとでもいうべき

◉清澄寺の「千年杉」は千葉県随一の巨杉。推定樹齢四〇〇年。

心的転換が日蓮に起り、法華経こそ真実の仏教であるとし、これを世に通じさせるに「南無妙法蓮華経」の題目がなければならぬとの信念に至ったものとされる。

建長五年（一二五三）春、彼は父母、師の待つ安房に戻る。数え三二歳。そして、歴史的な日蓮の清澄山旭の森での開宗となった。蓮長は四月二一日から身命を賭《と》して、清澄山の行場で日々、厳しい修行を行った。満願の四月二八日早暁、森の下道をたどって山頂に登る。折からはるか東方、太平洋上の水平線の彼方より闇を破って雄々しくのぼる旭日に向って、大音声に「南無妙法蓮華経」と十声ばかり唱え出したといわれる。

蓮長の、他宗に対する厳しい攻撃と、自らの開教の説法は道善房はじめ清澄山と大衆の期待を裏切るものとして、大問題となる。道善房は周囲の雰囲気をみてとって彼を勘当し、下山させ、華房村、青蓮房に避難させる。

これから先は誰もが知る、あまりに過激な折伏説法と、これに対する日蓮の法難、迫害に耐えての生涯である。入滅は弘栄五年（一二八二）。武蔵国千東郷、池上宗仲邸、六一歳であった。

日蓮を彷彿とさせる大椎

「上野村の大椎」を尋ねた日、私はＪＲ外房線上総興津駅下車、タクシーに乗った。行先を告げると運転手はすぐに諒解した。さすが地元ではよく知られた巨木らしい。主要道から少し外れると昔を思わせる田園風景が次々と立ち現れる。母親のふところにでも飛び込んで行くような温い気持ちに包まれる。点在する農家の風景には絵ハガキの一枚でも眺めているような感じがして、懐かしさがこみあげてくる。走ること約十五分。

「はい。左手丘陵の下ですよ」

運転手の声に促がされて左の方に目をやる。道を折れると、細い、しかし、道の両側に雑草がしっかり生い茂った土の道が続く。坂道をそのままのぼって行く。すると、前方に、さびれかかった古いお堂が見え、そのすぐそばに、まるで怪物が出現したかといぶかしむほどの巨大な二股の巨木がぬっと仁王立ちになっていた。

「上野村の大椎」だ。地名が名木とついたのもさこそと思われる。説明によると、幹周七・三メートル、樹高二四メートル、千葉県下有数の椎の巨樹に属する、とある。そして、「日蓮在世の当時、既に此処に存し、寺院境内の主木たりしものなり」と寺伝にある、と記している。昭十一年(一九三六)、県の天然記念物に指定。推定樹齢七〇〇―八〇〇年とされる。となれば日蓮が生きていた当時、この椎の木がすでにあったとしてちっとも違和感はないわけだ。

木から約十メートル離れて建つ寂光寺の本堂があるが、現在は無住。荒廃は進んでいる。

境内はかなり広く、お堂の前の丘陵は杉林になっている。あたりは一部、畑であり、まわりは雑草や笹原である。

房総は椎の木がいたるところに繁茂している。その実は栗やくるみの実とともに古代からの食糧源でもあった。枝は榊の枝と同じように神事にも用いられた。海岸に近い房総では椎の木は防災、防風林としても重宝され、古くから民家の周囲に植え込まれてもきた。

椎の木は土地柄と、そこで暮らす人たちにとって縁の深い木なのである。

同じ千葉県下で、内房になるが君津市賀恵渕、八坂神社の「賀恵渕の椎」(推定樹齢五〇〇年、君津市指定天然記念物)を尋ねたことがあるが、これも大きな椎の木であった。

「上野村の大椎」について寺伝は、先の如く日蓮在世当時からあったとし、「日蓮、彼の小松原における遭難後、しばらく近くの岩高山(天津小湊町と勝浦市の境)に入りて静養し、その後、錫杖をひいてここへ来、留まること約七日、おおいに布教に努めたり。寺院の山号を千分山と称するは慶安のころ日蓮宗の僧従ここに合して、日蓮のため、千分の供養を行いたるに由る」(勝浦市教育委員会の解説)と記している。

小松原の遭難とは文永元年(一二六四)十一月十一日、東条小松原にて、地頭東条景信の襲撃に遭い、日蓮は危うく難を逃れ、奇跡的に助かった有名な事件。日蓮、四三歳の出来事だ。日蓮はそれまでに鎌倉で辻説法を開始、文応元年(一二六〇)七月には北条時頼に『立正

◉いかにも魁偉、異相の風貌を見せる老樹「大椎」いくつもの支えが施されている。

安国論』を上書する。松葉ヶ谷の庵室は焼打され、翌弘長元年（一二六一）五月、伊豆国に流罪、同三年二月、赦免となる。この年十一月、時頼卒す。文永元年八月、故郷に帰って老母の病を治していたあとでの遭難であった。計算上は当時からだと七四〇年が経つ。

大椎の推定樹齢からの裏付けは十分とは言えぬが、矛盾と断定するほどではない。寂光寺の寺伝にあえて異議を立てることもあるまいと思う。

地形的に見る寂光寺の雰囲気。そして巨大な椎の木の立ち姿。その頃は樹勢盛んなエネルギッシュに映る若々しい椎の木であったと想像するのだが、そうしたなか、深夜、あのお堂のなかからあたかも地鳴を思わせるような不思議な力を秘めた声が響いてくる。

「南無妙法蓮華経」「南無妙法蓮華経」

それはまぎれもなく日蓮の声。そして、たくさんの大椎の枝、無数の葉もまた、この日蓮の声に和するかのように、その枝々、その葉の数々を震動させたのではなかったか。

しばらく大椎を仰ぎ見ているうち、そんな幻覚に包まれたことであった。

6章

会津、歴史を覗《のぞ》いた一本の大ケヤキ

◉地域の人たちに守られる「八幡のケヤキ（中山の大ケヤキ）」会津地方の緑の文化財

【推定樹齢】950年
【目通り幹囲】12m
【樹高】36m
【撮影】2004年、牧野
【所在】福島県南会津郡下郷町中山

再会した「高瀬の大木」

我が国の風土にあってケヤキはもっとも長寿を保つ樹種のひとつであるが、なかでも福島県、会津地方はこの木の生育に大変適しているらしい。環境省の調査によっても、ケヤキの巨樹全国上位十本のうち三本は会津地方にある。耶麻郡猪苗代町の「天子のケヤキ」、南会津郡下郷町の「八幡のケヤキ」(別称・中山の大ケヤキ)、会津若松市の「高瀬の大木」の三本がそれである。うち「天子のケヤキ」は幹周十五・四メートルで最大であるが、幹は裂け、傷み激しく、平成九年(一九九七)、ついに大枝伐採、昔の面影はない。空洞にマリアを思わせる石像が祀られ、キリシタン信仰の痕跡かと想像をかきたてる。

残る二本であるが、「高瀬の大木」は会津盆地の中心部、現在のJR会津若松駅の裏手方向、神指《こうざし》城跡にあって、関ヶ原合戦の発端となった問題の場所にある巨木。これと対照的に会津から日光へ向かうかつての参勤交代の道の会津口に位置するのが「八幡のケヤキ」である。この木も幕末から維新・明治の歴史の激動を見下ろしてきた。巨樹を眺めるにわれわれは、不思議と時の流れと人事とをかさねおかずにはおられぬ強い衝動に見舞われるが、なかでも私はこの二本のケヤキには妙に心引かれる。木は動かぬ。それだけに同じケヤキと名のつく二本の木ながら、それぞれに異なる歴史的光景を目の当たりにする思いだ。

初めて「高瀬の大木」を尋ねたのはもう三〇年近く昔のことだ。春先でもあり、北の飯豊《いいで》

◉新緑の頃、会津若松市のケヤキ「高瀬の大木」に再会する。

連峰から吹き下ろす風が冷たく感じられた。木はやっと芽吹き始めたばかりで、巨体ばかりが、ばかにでっかく、印象は確かに強烈であったが、なんとなく風貌・風格に於て人を納得させるにはいまひとつの感は否めなかった。

平成十八年、改めてこの巨樹の醍醐味を十二分に味わうつもりで、今度は用意周到、頃も、新緑の五月二一日、この木を尋ねることにした。晴れわたったこの日、郡山から会津に入る沿線の車窓の景色はさながら緑の宝石に縁取られたかのようで、自分が別世界へ吸い寄せられていくような思いであった。会津若松駅からさっそくタクシーを拾う。十五分ほどで到着。市内神指町高瀬。目の前に長さ一五〇メートルほど、丘の高さ二〇メートルもあろうか。こんもりとしている。これが神指城跡である。そして、そのほぼなかほどに、あのでっかい「高瀬の大木」が「おお、待つこと久しかったよのう」と言わぬばかりに、上から私を見下ろしているのである。今日の大木は、初めて対面したときと比べると、なんと堂々たる振舞いである。緑を十分に繁らせ、なんともふくよかである。かつての主に代わり、いまはこのケヤキが城主であるぞ、と宣言しているかのようにも見てとれる。

その城主にまつわる因縁話を先にしておかねばならない。

秀吉没して会津の地は…

会津が歴史の上で生々しく登場するようになったのは、みごと天下を取った秀吉による「奥州仕置き」がきっかけであろう。これにより、東北の中世解体と近世への歴史の転換が始まる。文禄元年(一五九二)、蒲生氏郷が赴任。黒川の地名を若松と改めた。彼の郷里・近江、蒲生の若松にちなんだらしい。ただちに街づくりに着手。城普請にも取りかかる。翌年には七層、偉容の天守閣が完成。蒲生、九〇万石を誇示するに十分であった。しかし、氏郷、死去。その子、秀行が宇都宮、十八万石に移される。あとを受けて入ってきたのが蒲生の旧領に佐渡、出羽各三郡を有し、計一二〇万石の上杉景勝であった。これが慶長三年(一五九八)一月のこと。秀吉のサービスであった。ところが、この年の八月、秀吉、六三歳で没。五大老景勝・家康間の緊張強まる。景勝は石田三成と呼応し、家康に挑戦する。

景勝は神指城はじめ領内の城、道、橋等の普請を着々進め、浪人召し抱え、弓、鉄砲を用意しつつある、との報を受けた家康が、景勝宛、上洛、説明せよと迫る。これに対し、慶長五年五月、「去年秋、下国したばかり。留守をしたのでは領内の政治はできぬ。会津は雪国。冬場には動くことはできぬ。景勝、逆心とは作り事だろう。武具を集めたと言われるが、茶碗、ひょうたんを集める上方武士と違い、田舎武士は槍、鉄砲、弓矢を支度するものでござる。その国々の風俗と言うもの。ご不審なきよう」と、嘲弄と受け取れる書状を喰らわした。書いたのは景勝の宰臣・直江兼継。これに激怒した家康、直ちに諸大名に会津出征を命じた。これに三成、景勝が呼応。ついにあの関ヶ原の合戦となったのである。

つまり、火つけ役となったのが、神指城の築城工事であったとも言えるわけだ。鶴ヶ城は山に近く立地が悪い。そこで神指城築城を目指し、直江兼継、指揮のもと人夫十二万人を動員。昼夜をわかたず励んだと言われる。しかし、関ヶ原合戦となり、情勢は不利に働く。築城続行どころではない。関ヶ原と違ってこちらは長期戦となったが、十一月、上杉ついに降伏。翌六年八月、景勝、伏見に家康を謁し、一二〇万石のうち九〇万石を没収。残り三〇万石を認められ、米沢に安堵せられた。会津はのち保科正之（将軍秀忠、第三子）が一切を委ねられ、会津松平は幕末までの二百数十年間、太平の世となる。

「高瀬の大木」は実は、景勝、築城に取りかかったとき、すでに大木として威風を誇っていたという。この木は土塁の上にデンと構えるが、根回りなんと十二・五五メートル、幹周十一・八〇メートル。樹高十六メートル。昭和十六年、国の天然記念物に指定されている。樹勢に衰えを感じさせるが、見渡すかぎりの盆地の平らかな景観にあってこの威風には誰も一目おかざるを得ない。大人が何人がかりかで取り巻かねばならぬ大変な幹回りだ。周囲に杉や桜の木々がなくはないが、てんで勝負にならぬ。景勝、消えて、この大ケヤキがいまも主の座を守り抜いているのだ、と思うと、ちょっと愉快な気分にもなってくる。

「八幡のケヤキ」と英国女性

さて、もう一方の「八幡のケヤキ」である。こちらは福島県大沼郡下郷町中山字中平というところにある。地図でみると会津盆地から南に入り阿賀川（大川）を遡る。第三セクター会津鉄道沿線、湯野上温泉駅が近い。ここを通る道は西会津街道、もしくは下野《しもつけ》街道と呼んで、かつての参勤交代の道である。

平成十六年六月であったが、私はこの巨樹を訪ねることにした。東京からだと東武鉄道を利用。鬼怒川から野岩鉄道で奥地を目指し、会津高原駅で先の会津鉄道に接続する。久し振りのこの沿線の旅である。車中の楽しみにかっこうの本がある。イサベラ・バードの『日本奥地紀行』（高梨健吉訳・東洋文庫）である。彼女は一八三一年（天保二）、英国ヨークシア生まれ。病弱の体を鍛えようと、冒険心の強かったせいもあって日本、中国、チベット、モロッコ等を旅行。旅行探検家として名を馳せた。一九〇四年（明治三七）、七三歳で没した。日本へは三回来ているが、もっとも有名なのが一八七八年（明治十一）六月、この鬼怒川上流域から会津越えをしたときの紀行録である。イザベラ・バード、四七歳の時だった。

ちなみに明治十一年であるが、西郷隆盛が薩摩、城山で死んだのがこの前年。そして、西郷と相対した大久保利通が暗殺されたのがこの年である。日本の夜が明けたばかりのこの時期、外国人、それも女性一人旅の鬼怒川からの会津越えなど、ちょっと想像を超えるものがあるが、彼女はそれをやってのけたのである。

そのなまなましい様子は、先の紀行録の随所に出てくる。どう解読するかは角度や掘り下げ方によりさまざまであろうし、またそれ相応の収穫もある。

今回の旅との関連で私が拾うなら、目の当たりにする奇岩怪石への驚き、しぶきをあげて流れ下る豊かで清らかな水、そして切り立つ渓谷美といったところであろうか。これはイサベラ・バードが目の当たりにした景色とたぶんそう変わっていまい。「入り組んだ谷川の流れは、一つとなって烈しい奔流となっていた。それの流れに沿って数時間ほど進むと、川は広くなって静かな流れとなり、かなり大きい水田の中をのろのろと流れていた」とある。会津高原あたりの景観であろう。途中の宿の模様も細かく描写しているが、恐ろしく不衛生であること、しかし、日本人はよく気がつくし、勤勉であること、礼儀正しいことなどに触れている。

彼女は田島で馬を代えて旅を続ける。「ここ田島は、昔、大名が住み、日本の町としてはたいそう美しい。下駄、素焼、粗製の漆器や籠を生産し、輸出する。……私は大内村の農家に泊まった。この家は蚕部屋と郵便局、運送所と大名の宿所を一緒にした屋敷であった。私は翌朝早く出発した。……それはすばらしい景色であった。うねうねと林の続く平野を見下ろすと、森林におおわれた連山が周囲にそば立ち、平野は深い藍色の中に包まれている」

これは長い山岳の道を抜けて会津盆地を一望したときの感激である。大内宿は当時の面影を保存することにし、いま観光資源として一役買っている。

大ケヤキの下、参勤交代の道

イサベラ・バードは大内宿に泊まっている。ということは、大ケヤキはその手前の街道筋にあるわけであるから、記録にこそないが、彼女はこの巨樹の下を間違いなく通っているのである。会津盆地、展望の記述は六月三〇日になっている。この山中の旅はその前、約一週間のことである。ふと、沿線の看板が目についた。『イサベラ・バード女史、紀行百周年』とあるではないか。なるほど二〇〇四年は確かにそうなる。

湯野上温泉駅に到着。すぐタクシーに乗り、大ケヤキを目指す。「歴史の道・下野街道」の看板が目につく。昔はともかくいまは過疎地帯だ。道は国道一二一号になるが旧下野街道は国道近くの山麓に沿う。昔の道は幅二メートルほどの剥き出しの土の道だが草に覆われている。峠を越えると新緑もまぶしいケヤキの巨樹が視界を圧倒した。駅より約二〇分。

民家の屋敷の一角からでっかい幹が斜めに道路に迫り出している。標示は「八幡のケヤキ」(もしくは「中山の大ケヤキ」)とある。胸高周囲十二メートル、樹高三六メートル。推定樹齢九五〇年。確かに威風、周囲を圧する存在感だ。天然記念物指定木ではないが地元により

「緑の文化財」に登録され、地域の人たちにより守られている。

天喜三年(一〇五五)、安部貞任討伐のため、八幡太郎義家、この地を通るも、道険しく難渋し、ひとときの休息を求めたのがこの地の司《つかさ》、二宮太郎兵衛宅。二宮は間道を教え、ために賊軍は敗北。義家は礼にと一本のケヤキを植えて立ち去った。その木が生長していまや大木になった、と物語も付してある。管理者はその末裔で民家の主、二宮仁氏である。

よくある由来パターンであるが、ケヤキの樹齢がかなりのものであることは疑う余地はない。また、この道が関東と会津を結ぶ最短ルートであることは確かであり、ことに徒歩と馬が主であってみれば幅員などさして問題ではない。要するに道幅は人馬がすれ違えればよかったのである。しかし、山また山。心細さは並大抵ではなかったはずだ。一夜の宿、一時の休憩に命びろいをした思いの人は少なからずいたのではないか。

ここは参勤交代の道でもあった。会津の名君・保科正之(一六一一—七二)も、幕末・悲劇の藩主・松平容保《かたもり》(一八三九—九三)もこの道を、いや、このケヤキの下を確かに通ったのである。今市までが下野街道(西会津街道とも)。今市からは日光街道を江戸に向かった。私はしばらくこの大ケヤキの下で休み、その存在感を心ゆくまで満喫したつもりであるが、誰が通ろうと、周囲の環境からして、昔はこの木の下で一休みしたのではあるまいか。

戊辰戦争(一八六八—六九)の時は藩境、五十里《いかり》まで出動、迎撃体勢をとった会津軍であっ

◉会津の名君、幕末の悲劇の藩主、戊辰戦争での官軍も、「八幡のケヤキ」はじっと見ていた。

たが、情勢変化に対応して引き揚げた。このため、ここでは戦さを交えず、会津目指して官軍が行進したのであった。歴史が煮えたぎるほど音を立てて回転するさまを「八幡のケヤキ」はじっと見ていたことになる。

月並みと言えばそれまでだが、不動のまま、この座に立ち続ける歴史の証言者は「無言」であるが故にこそ、いま生ある我等、人間は自らの歴史を見る眼の本当の力が何であるかを己に問い続けてみねばならぬであろう。

7章

羽黒山《はぐろさん》の杉参道を整備した偉業

◉「総数585本」と言われる羽黒山の「杉並木」国指定特別天然記念物

【推定樹齢】500年以上
【目通り幹囲】3.3m 以上が約180本
【樹高】30m 以上
【撮影】1994年、牧野
【所在】山形県鶴岡市羽黒町手向

巨樹のなか、神に近づく

出羽三山に魅惑される人は多い。なかでも羽黒山参道のぼり口にある国宝五重塔は存在感がある。もう一つは、樹齢三百年以上と思われる杉の巨木がえんえんと続く石段、参道の風景である。石段と巨杉との組み合わせが巧みに決まってゆるがない。

何回かお参りさせてもらっているが、石段をのぼりながら仰ぐ杉の大樹の林立にはいつも圧倒させられる。

これだけの杉の木がいつ誰によって植えられ、植え継がれてきたのか。少し注意を払ってみるなら当然、わいてくる疑問ではあるまいか。

杉並木と聞いてもっとも有名なのは栃木県日光市と今市《いまいち》市にかかる「日光杉並木街道」であるが、これは総延長三七キロ。特別史跡・特別天然記念物に指定されている。世界に例のない杉の巨木が続く美的景観だ。徳川家康の家臣であった松平正綱が奉斎《ほうさい》のため杉苗を植えたのに始まる。これが寛永二年(一六二五)頃。事業が完成したのは二〇年後であった。日光東照宮にこれを寄進して今日に残った。巨杉の陰にドラマありだ。現在「杉並木寄進碑」が日光、神橋の近くに立てられている。杉の数であるが年々の枯死もあるから正確ではないが、現状、ざっと一万三二〇〇本(平成五年調査)といわれる。

さて、羽黒山の杉並木の方はどうか。

郵便はがき

料金受取人払郵便

京橋局承認

1188

差出有効期間
2009年5月10日
まで切手不要

104-8790

7 5 7

東京都中央区月島1-14-7
旭倉庫4F

株式会社 **工作舎**
出版営業部 行

お名前(ふりがな)	男 ・ 女	年齢 歳
ご職業(勤務先または学校名・学年)		
ご住所 〒( )		
お電話(購入ご希望の場合、必須)		

購入申込書◉ご指定の書店で受け取ることができます。
また、代引宅急便(手数料200円)での直送も承ります。 □ 代引宅急便希望

書名 (冊)	取次(この欄は当社にて記入します)
書名 (冊)	
ご指定書店名/住所 書店	
都道府県 市町村区	

古木の物語

お買い求めになった書店名➡

本書を何でお知りになりましたか

□ 書店で見て　□ 新刊案内を見て　□ ホームページ

□ 書評で［　　　　紙·誌］　□ その他［　　　　］

新刊案内等のご希望

□ 新刊メールニュース　□ Eメールでの関連情報

［e-mail address　　　　］

□ 郵送での関連情報　□ 図書目録［年刊土星紀］

□ 不要

ご意見・ご感想などをご自由にお書きください。今後の出版活動の参考にいたします。⬇

羽黒山は標高四三六メートル。それほど高い山ではないが、この山が信仰上、強く関心を引くのにはそれだけの理由がある。その点は後述する。出羽三山神社というのが正式の神社名だ。鎮座地は山形県鶴岡市羽黒町手向《とうげ》(旧、東田川郡羽黒町)である。山麓の随身門をくぐると祓川がある。橋をわたり、山頂の同神社合祭殿まで約一・七キロ。標高差は約三〇〇メートル。この間にある石段の数、二四四六段といわれる。参道の両脇に立ち並ぶのが杉の巨樹群である。当然、年々の風雪のため被害が出るから正確な数はつかめぬが「総数五八五本」と現地の説明板にある。一の坂、二の坂、三の坂と続くのであるが、三の坂付近では幹周四メートルから六メートルに及ぶ大樹がある。推定樹齢五〇〇年以上。幹周三・三メートル以上の巨樹だけでも約一八〇本。こうして杉の巨樹群の存在感に圧倒されるから一段一段、汗いっぱい、あえぎながら山頂を目指す。そして、登るごとに神に近づく。近づくことにより、心は一層清められ、あらたな活力が湧きおこるのである。

大和に通じる山岳信仰の聖地

月山(一九九〇メートル)、羽黒山(四三六メートル)、湯殿山《ゆどの》(一五〇〇メートル)を以て出羽三山と呼ぶ。しかし、これは近世になってからで、昔は月山、羽黒山、葉山《はやま》(一四六二メートル。寒河江《さがえ》に近い)の三つの山をいったらしい。また月山、羽黒山、鳥海山《ちょうかいざん》(二二三七メートル)を三山と称した時代もあったという。

山の信仰が、その山を水源とする平野部の農民たちにとって豊饒への切なる祈りに発することはいうまでもない。鶴岡市を中心とする農民たちにとって月山と湯殿山は冬季の積雪期、お参りするには至難の技である。その点、平野部にもっとも近く、日頃からその姿を眺めてなじみ深く、手頃の高さの羽黒山がしだいに三山の代表と見なされるようになってきたのは自然の流れであろう。「三山合祭殿」として羽黒山頂に本殿が設けられている。

出羽三山は吉野、熊野と並ぶわが国山岳信仰の代表的聖地である。仏教の普及につれて、日本人はあらたな形でそれまでとはちがった山との関係を構築し始めたのだと思う。太古以来ただ山を尊く仰ぎ見るというだけの単純な形から、自分から深山に積極的に分け入り、山の力、すなわち大自然の霊力をわが身にセットし、「仏」となって里へ下りて、こんどはそのエネルギーを社会発展の原動力へと転化させて行く。そういう、新規の文化的構想を実行し始めたのである。これが修験道であったと解釈する。

山岳信仰という原始的観念は仏教伝来と関係なく日本人のあいだに古くからあった。要はこれを社会発展の文化的活力と連動させて考えるようになった点にある。山に臥《ふ》して苦行し、不思議な力を得る。呪験力である。そういう人間を山伏《やまぶし》、山臥《やまぶし》、修験者《しゅげんしゃ》などと呼んだ。

開祖は役小角《えんのおづぬ》。役行者《えんのぎょうしゃ》とも呼ばれる超能力の人物だ。生没不祥ながら『続日本紀《しょくにほんぎ》』などによって実在の人物とされている。

それでは羽黒山は誰によって開かれたのか。

こちらは能除仙《のうじょぜん》とも蜂子皇子《はちこおうじ》とも参弗理《さんふり》とも参払理《みふり》ノ大臣《おとど》とも呼ばれる。なんとも怪異特異の人物像だ。伝承では崇峻天皇第三皇子、聖徳太子の従兄弟《いとこ》に当たるとのこと。崇峻天皇は欽明天皇第十二皇子。用明天皇没後、第三二代天皇となったが、折しも蘇我馬子全盛の時代。天皇は蘇我に敵対したとされ、馬子の配下東漢直駒に殺される（五九二年、『日本書記』）。その第三皇子、「能除仙」なる人物が流浪の果て、鶴岡市由良にたどりついた。その時、岸の方から妙なる楽《がく》の音が聞こえる。みると八人の乙女が美しく舞っている。いつしか眠りにつくと、こんどは白髪の老人が夢枕に立って「三足の烏が案内するところに行けよ」と告げたとか。ほどなく三本足の烏が現れ、案内されるまま着いたところが羽黒山中であった。

能除仙はここで修行し、開祖となる。いまも羽黒山頂の一角、その墓と伝える異様の一角がある。由良海岸には八乙女洞窟と呼ばれる海食洞窟があるし、三本足の烏は熊野三山では「ヤタ烏」であって、熊野の神の使でもある霊鳥だ。太陽のシンボルでもある。

蜂子皇子の肖像なるものが伝わっているが、目は赤く、鼻はたれさがり、口は裂け、怪異そのものだ。いずれにしても異形というほかない。想像力だけならかきたてられるが、本当の姿は何であるのか。推測の域を出ぬ。社伝では蜂子皇子が羽黒山に出羽神社を建てたのは推古天皇元年(五九三)とする。仮にこれを大和側に当てはめると、役行者より約一世紀も古いことになる。殊さらに「古さ」を強調するための作為とみるかどうかは別として、大和より琵琶湖を北上、日本海に出ると、沿岸流を通じて出羽と大和とは、確かに人も情報も、現代のわれわれが想像する以上に早くから通じていたのではあるまいか。

世俗勢力の渦

聖地と呼ばれるところはどこでも大なり小なり薄気味悪く、おどろおどろしい。正と邪、善と魔とが出会い、交錯している場なのである。そして、極めつけの聖地ほど地形、風土そのものがそのようにできている。すべて異形で怪異。生と死とがたがいに浸透し合っている。

蜂子皇子が三本足の烏に導かれて入り、修行したとされる羽黒山の阿久谷《あくや》(阿久屋)は即ち悪谷《あくや》、地獄谷を意味して、そこは古代、風葬の場であったとみられている。

月山は死者の霊を山へ送る供養の場でもあった。月山にも登ったが、現在も九合目あたりに点在する古い墓石は、変死、非業の死を遂げた者を成仏させるため、麓からかつぎあげてきたものといわれる。湯殿山はかつて芭蕉が『奥の細道』にて「語られぬ湯殿にぬらす袂《たもと》かな」と詠んだごとく、巨岩より噴きあげる熱湯は御霊代《みたましろ》(御神体)であり、その噴出口は秘所とされ、語ることがはばかられた。周辺には大日坊、注蓮寺、本道寺、大日寺の真言宗の四か寺があったし、うち、大日坊、注蓮寺には即身仏(ミイラ)、真如海上人、鉄門海上人が安置されている。この世の地獄は信仰の力によって仏の世界へと一変する。これが聖地の持つ意味である。

三山を一体化しての信仰が強まったのは平安中期以降らしい。月山は阿弥陀如来、羽黒山は聖観世音菩薩、湯殿山は大日如来を以て本地仏とした。神仏習合の信仰の深化は三山を舞台とする羽黒山伏の修行の場となる。私も、修行ではないが、羽黒、月山、湯殿山と芭蕉がたどったといわれるコースを実体験として歩いたことがある。

歴史に照らせば明らかなとおり、山伏集団は時に武装集団に変わり得る。時の政治勢力、権力とは結んだり、反抗したりを繰り返している。古くは平将門、次は源義家の勢力と組む。中世は地頭武藤氏が支配、やがてこれに反抗。信仰を活動エネルギーの核とすると、現実はこうした世俗勢力の渦に巻き込まれてきたのが三山の歴史であったようだ。

こうなると、執行、別当、長吏なども時の勢力により簡単に更迭され、社領は奪われたり縮小されたりする。山内は徒党を組んで利害衝突を繰り返す。当然、綱紀は乱れ、三山の登拝口も各自が管理、たがいに独立状態となってきた。

これに止《とど》めを刺したのが羽黒山五十世別当となった江戸初期の人物、天宥である。

天宥、三山中興の祖

天宥は出羽、西村山郡安中坊というところの出で七歳の時、宥俊の弟子となり、仏門に入る。宥誉といった。のちの天宥である。宥俊は別当、執行職兼務として出羽三山神社を統率、開山堂の修造、御影堂、護摩堂、摩利支天堂、普賢堂、大日堂、二王門などを建てる。全山の整備に着手したわけだ。寛永七年(一六三〇)、別当職を宥誉に譲る。彼二五歳と伝える。同十一年(一六三四)、二人は江戸表へ。将軍家光に謁見、別当継目を言上した。

これから約三〇年、宥誉が主導して一山再興を図る。彼が「羽黒山中興の祖」とされるゆえんである。宥俊は寛文元年(一六六一)、八二歳で遷化。宥誉は全山の秩序回復を第一と考えたが反対多く、宗教上の争いには幕府も消極的であった。寛永十八年(一六四一)、彼は突然、江戸へ。そして実力者天海僧正に懇請、弟子となり、一字を貰って「天宥」と改め、真言勢力におびやかされていた山を幕府にならい天台宗に改め、天海の権威を借りる形で三山の統一に乗り出す。羽黒山を東叡山末寺とし、組織、職制、祭礼等も天台宗の宗勢、宗風に変え、山伏たちの生活基盤をも変えようとした。現代風にいえば強烈な意識的改革、構造改革といったところだ。しかし、内紛は収まらぬ。そこに起ったのが庄内藩内の領民政策であった。寛永十年（一六三三）の「白岩百姓一揆」は領主酒井忠重（藩主は兄の酒井忠勝）の暴政に対する領民の抵抗であった。忠重は首謀者を捕えて処刑した。

ところが、うち数名が助けを求めて天宥のもとへころがり込む。日月寺に逃げ込んだが、事情は分かっているから天宥は同情して、彼等を当局に引き渡さぬ。他方、山内の反対勢力はさまざまあったから、やがて大先達智憲院栄秀らによって天宥は訴えられた。これらがもとになって彼は寛文八年（一六六八）、七〇を過ぎた身で流罪を命じられ、伊豆新島へ送られたのである。新島の流人帳では天宥が同島流人第一号らしい。しかし、島人からは知識人として慕われ、延宝二年（一六七四）、八二歳で島で没したという。

まことに悲劇的生涯だが、実は死後になって天宥は三山中興の祖として仰がれた。明治になって神仏分離。出羽三山神社は東北の総鎮守になった。明治十七年（一八八四）、天宥社創建。祭日は命日に当たる十月二四日と決まる。さて、天宥の墓を探そうと、明治十四年、地元から伊豆大島へ渡る。実は流罪先は伊豆大島であるとずっと考えられてきたのだ。当然ながら発見できず、大正十三、十五年春にも大島を調査するが不明。同十五年秋、もしやと思って新島へ渡って調べるうちついに天宥の墓石を発見したのであった。これが契機となって昭和十三年（一九三八）、羽黒山麓、祓川《はらいがわ》より自然石を新島へ運び、彼の墓碑を改めて建立、盛大な墓前祭が行なわれた。羽黒と新島との友好交流はいまも続いている。

仏の石の上、杉苗が育つ

「祓川の自然石」こそが、実は本稿の山場である。

天宥の業績はいろいろあげられるが、今日に残る最大の偉業はなんといっても冒頭にあげた羽黒山参道のあの大規模な杉並木の整備にある。

現在、五〇〇本を越える杉の巨木が林立することはすでに触れたが、天宥が参道の整備に着手したのは慶安元年（一六四八）というから脂ののり切った五〇歳代だ。一の坂、二の坂、三の坂と続く切石坂の石段の西側に大々的に杉苗を植えさせた。修験道の山であるから古くより杉が植えられることはあったとみてよい。現在、ことに三の坂付近にある老樹は室町から安土桃山時代に植樹されたものらしい。しかし、圧倒的に多くの巨樹は天宥の事業によるものだ。

ではどのような方法を用いたのか。

それは祓川から水で清めた自然石を運んでこさせ、この石をまず下に敷き、その上に植樹させたのである。理由は二つある。一つはせっかく植樹しても大雨で土砂が流されてしまったのでは意味がない。地鎮である。適度の平らな自然石を底に置き、そのうえに苗を植えさせた。二つ目の理由は一本の杉苗はそれぞれを聖なる杉苗であるという確たる意識、信仰が日本人みなにあったということだ。この点、神仏習合の江戸期である。現代の私たちが抱く木への感覚とは比較にならぬ重みをもっている。「草木国土悉皆《しっかい》成仏」の念は太古より日本人の心のなかにずっと生き続けている。一本の杉苗はそれ自体が小さな神仏の姿と拝してよい。しかもところは神聖なる羽黒の山中である。この杉苗をいっそう荘厳するものはないのか。それが祓川の石であった。祓川はいうまでもなく参拝者たちが水垢離《みずごり》を取る神聖な川である。その川の水で洗われた石は聖なる石、仏性を帯びた石なのである。天宥は持ち運ぶ一個一個の石に『法華経』の経文の文字を一文字ずつ書いたという。彼自身が書いたはずだ。文字を書くことによって、自然の石は「仏」の石に変わる。その「石」を土台に生長する杉の木は、正真正銘、いずれ仏の化身としての巨木となるのである。

◉天宥法印御肖像画（出羽三山神社蔵）

結果はどうであったか。事実、そのとおりとなって現代にその雄姿を見せてくれている。ただ、祓川より運んだ石がこれらの杉の根元の下にしっかりといまもあるであろう、などとはほとんど誰にも知られていない。まして、なぜに石が運ばれたのか。そんな心のドラマは、今となっては皆目、忘れられてしまっている。

かつての事業はすべて無償でなされたに違いない。行為そのものが信仰の証《あかし》であり、仏への供養でもあったのだ。そして、自ら汗を流して木を植えるとき、人間もまた仏のご利益にあずからせていただいているのだ。「羽黒山の杉並木」は昭和二六年、国の天然記念物、同三〇年、特別天然記念物に指定された。

麓近くの参道脇にある「爺杉《じじすぎ》」(国指定天然記念物)も有名だ。根回り一〇・五メートル、幹周七・八メートル、樹高四二メートルもある。昔は同じような杉がもう一本あったが明治三五年(一九〇二)、大風で倒れた。残ったのが「爺杉」だが、実は倒れた方がもっと巨木であったという。

近くにあるのが国宝の羽黒山・五重塔である。三間五層、柿葺《こけらぶき》、素木造り。承平年間(九三一―九三八)、平将門の創建と伝える。応安五年(一三七二)、いや正和五年(一三一六)の再建とも伝えられるが不明。慶長十三年(一六〇八)、最上義光が大修理を加えて今日の姿になったという。約四〇〇年が経過している。

◉羽黒山・五重塔（国宝）と爺杉
樹高四二メートルのダイナミズムに圧倒される。

天宥が領民から大いに慕われていたことを思わせるこんな話が残っている。羽黒山麓から約八キロ離れた水呑沢というところに彼は堰を造らせ、あたりの原野をすっかり水田に変えた。そして水はそのまま引いてきて祓川の崖のところで落下させた。今日、不動の滝、または須賀滝と呼ばれているのがそれで、丹塗の欄干にみごとに映える。天宥は宗教者ではあったが、今日の宗教者のイメージと違って、政治家や事業家の手腕に通じる壮大な発想と決断力、実践力に富んでいた人物といわねばなるまい。

第2部

人の心

1章

一期一会の木となった幻の「根《ね》上《あが》り松」

◉ありし日の「宇谷の根上り松」

【推定樹齢】350年
【目通り幹囲】4.73m
【樹高】28m
【撮影】1978年、牧野
【所在】鳥取県東伯郡泊村（現・湯梨浜町）宇谷

宇谷の連理根上り松

手元に一枚の写真がある。

一本の松の老樹が澄み切った天空に向って、いましもあらんかぎりの力を振り絞って爪先立っている姿である。あたりにはこれはとみる木も山も家も見当らない。あるのは視界いっぱいに続く砂の丘である。松はそこへと孤影を投げかけているのだ。

巨体を心もち斜に傾けてのこの姿態は、おのれ一個で闘う雄者の風格とみえる。が、同時に、孤独なるもののみが感じ、持つ、深い哀しみが漂っているようでもある。

私がこの松の老樹を訪ねたのは昭和五三年(一九七八)八月であった。

ちょうど大山《だいせん》(一七一三メートル)頂上に登ったあと鳥取へ向かう途中、まだ国鉄時代の山陰本線泊《とまり》駅で下車、駅前よりタクシーを拾って現地に向かった。

そこは鳥取県東伯郡泊村、現在は湯梨浜町の宇谷《うたに》という集落。尋ねる木は「宇谷の連理根上り松」および「根上り松」と呼ばれる複数の松の巨木であった。そのときの模様は別途、詳しく記したのでここでは省く(拙著『樹霊千年』牧野出版)。

その頃、これはと思う名松が全国各地ですでに危殆《きたい》に瀕していた。宇谷の松はその意味で全国的にみて稀少、貴重な松の名木であった。連理根上がり松の代表木として昭和十八年(一九四三)に国の天然記念物に指定されている。当時の調査によれば「小丘状の斜面上にク

◉杉と楓が連なる「連理の杉」
一九八六年、著者撮影、
所在地は京都、貴船神社奥宮。

ロマツの大木十四本と稚樹十余本とから成る山林の一区画があり、その中に連理根上りマツ一株と根上りマツ四株とがある」と記されている。

松にかぎらずであるが、古来、日本人は連理に夫婦和合の妙をみてとり、そこへ奇瑞《きずい》を覚えた。連理とは二本の木が何らかの理由でたがいにつながったもので一種の奇態木である。根上りの方は砂地であるため根元の砂が年ごとに風雨により洗い去られ、運び去られして、露出した根は自らを支え、生きのびるために、これに対応し、いつの間にかみるも奇怪な爪先あがりの異形の姿態を現出してしまったのであった。

いま残る根上り松では徳島県鳴門市鳴門町土佐泊浦の「鳴門の根上り松」が貴重木として知られる。大正十三年、国指定天然記念物に指定されている。

究極の舞台装置

宇谷の根上り松群は、根上り松だけの何株かと、根上り松であるとともに連理現象を持つ一株と合わせて文化財に指定されたもので、うちもっとも注目されたのは当然のことながら連理と根上りの二要素を持つ巨木であった。私もこれが目当てで現地をたずねたのだった。

連理根上り松は推定樹齢三五〇年、樹高二八メートル、枝張りは東方十一・三メートル、南方十四メートルという威風堂々たるものであった。

しかも、これが根上りしている。根上るさまはさながら巨大な蜘蛛《くも》が立ちすくむかに似る。根上り部分、つまり蜘蛛の足に相当する部分は南側でなんと五・三五メートル、北側で二・八メートル。南側は砂地の急斜面に接する。そして、根回り全体はこれら太い根が複雑にからみ合ってなんと周囲一四・二メートルにもなる。主幹の幹周は四・七三メートルもある。

いろいろと数字を並べたが、これらの根上る松たちはいずれ、そのスケール、その立ち姿たるや、いましも決闘に赴く古武士の勇姿ともみえ、どこか悲壮美を漂わせている。

まさに一幅の絵であった。私は夢中になってカメラのシャッターを切った。日本人が古来、松に寄せてきた思いの深さは、ここでいちいち並べたてるに及ぶまい。「高砂の松」「尾上の松」「阿古屋の松」「姉歯の松」など、能に謡われる老木は桜や柳もあるが、まずは松と決まっているかのようである。白砂青松という、日本人にとってゆるがぬ海岸美風景の究極的舞台装置が、これら名松背景の基調音となっている。

松の姿態は日本の古き良き親父《おやじ》の像を映し出してもいる。志賀重昂《しがしげたか》(一八六三―一九二七)は『日本風景論』に「松や、松や、何ぞ民人の性情を感化するの偉大なる、特に日本は松柏科植物に富むこと実に全世界中第一」と記した。『日本風景論』は日清戦争のただなか、日本人のナショナリズム高揚期と機をいつにしてもいるが、松に寄せる日本人の心情を深くかきたてるものがある。

　このあたり山陰海岸の一角である。東端は天の橋立、西端は出雲大社あたりまで、山陰の海岸は、入江となって深く食いこんだ花崗岩《かこうがん》質のリアス式海岸特有の岩石美と、その間にさらさらとした砂がつくりあげた大小の砂丘美とを交互に見せる。

　うち大砂丘といえるのは鳥取砂丘と北条砂丘と出雲砂丘であろう。間に砂丘とまでは呼べぬ、かといって浜とも言えぬ小規模の砂丘美が点在する。

　泊の砂丘も、隣は天神川河口にひらける北条砂丘（鳥取県中部）であって、これら小砂丘群の一つである。

　かつては荒れ狂った砂丘であったが、江戸期に入ってからは砂防造林が進み、冬期における北西の季節風による激しい砂の侵食も徐々に鎮静化し、砂丘は一部、桑、さつまいも、麦などの畑に変わってきた。黒松の植林が防砂に大いに効果があった。弓が浜半島にみるえんえんと続く黒松の風景など、長い間の歴史の産物である。

　泊村の宇谷の根上り松も、もとはこのようにして同時期に植えられた木であったにちがいない。

　樹齢三五〇年を、仮に昭和五三年を起点に逆算するならば、西暦一六二八年に当たる。寛永五年、徳川三代将軍家光の治政、江戸初期だ。参勤交代制確立が寛永十二年。それよりも前に当たる。

一期一会の巨樹となった松

それからほどなくして、宇谷の根上り松は枯死した。一族の滅亡と読み取ってもよい。文化庁は天然記念物の指定を解除した。昭和五五年四月三日である。

それから二五年になる平成十七年現在、松は根元から切られてしまっている。朽ち果てるものはどこまでも朽ち果て、消え失せるものはどこまでも消え失せるのみである。さっぱりとしたものだ。

誰知るものなく歳月だけが過ぎ去っていく。これが世阿弥の「能」ならば、聞くは梢を渡る松風のみという、ありし日への夢幻、哀惜の風情となるわけであろうが、現代はその点、い

◉赤松と黒松が結合した連理の「佐賀の夫婦松」（山口県熊毛郡平生町）一九七〇年頃の撮影。昭和四九年（一九七四）にマックイムシの被害で枯れ、現在は残された主幹部分が保存されている。
【写真提供】平生町

かにも即物、現金なものだ。

無趣味、無風流である。

名松はつぎつぎに消え、いちどは熱気を帯びた感もあった「日本の松の緑を守る会」なる名松保存運動も、いつしかその声は聞かれなくなってしまった。

松は室町期以降に顕著になった二次林現象であり、マツクイムシ、大気汚染等の公害説など、松枯れ原因がいろいろ取り沙汰されるなか、松がつぎつぎに消え去って行くにつれて、植生はしだいにもとの植生である常緑広葉樹林の方へと徐々に遷移する傾向にあると聞く。

だが、目をつむれば「宇谷の根上り松」がみせた、あの何ものにも汚れぬ立ち姿がいまもまぶたに浮かんでくる。清潔で雄々しい。私にとって、この老松は文字どおり、もはや会うことかなわぬ一期一会の巨樹となってしまった。

私はあの時、自分が撮影した一枚のこの老樹の写真をいまも大切にしまい込んでいる。そして、自分がふと孤独に沈んだ折など、なにとはなしにこの写真を取り出し、ただ、ぼおーッと、ありし日の面影伝える根上り松を眺めてみたりしている。松の孤影はどこまでも美しく、しかし哀しいのである。

2章

木喰《もくじき》、刻印二百年の立木仏《たちきぶつ》

【推定制作年】寛永10年(1798)
【所在】山口県萩市大字福井下浄土宗願行寺境内
【写真提供】萩市

◉木喰が榧《かや》の巨木に刻んだ薬師如来像。光背に梵字が書かれている。

円空仏、木喰仏と呼ばれる特異の木彫仏があるが、一般に関心を持たれるようになったのは戦後のことだ。二つの木彫仏はもちろん同じではないが、共通するところはある。ともに深彫りであること、表情が独特であること、殊にその多くに慈愛に満ちた温かい笑みが見られること等である。これを「微笑仏《みしょうぶつ》」と呼んで、高く評価する人が多く、いまではこれが定着化したといってよい。

しかし、人物が違い、生きた時代も異なるのであるから、円空仏は円空仏、木喰仏はどこまでも木喰仏なのであって、それぞれに独自なのである。それでは根源的に共通するものとは何か。それは同じ日本人であることによる対自然観、対現世観の基層観念とでも呼ぶべきものであろうと思う。即ち、信仰や美意識に於ける心の根底に潜む同一性なのである。円空、木喰、それぞれが手がけた木彫仏は、その上に立ってのそれぞれの心の証しであり、投影でもあると解せられる。

円空、木喰の人物と生涯についてはのちに触れるとして、ここで取り上げたいのは、約二百年前、木喰が生木の大木に向って直接、彫った仏が、大木のまま生きている仏として現代もあるという驚きである。同時に、なぜ生きた木に仏を刻んだのか、その深層意識に潜む日本人の木への見方、感性についても考えてみたいと思う。生木に直接彫った仏を「立木《たちき》仏《ぶつ》」と呼んでいるが、この仏は樹齢数百年とみられる榧《かや》の大木に彫られた「薬師如来像」だ。彫ったのはいま述べたとおり約二百年昔の寛政十年（一七九八）。それがいまもある。場所は山口県萩市大字福井下四九〇一、旧・阿武郡福栄村の浄土宗願行寺《がんぎょうじ》の境内である。

仏像を刻み続けた生涯

さて、円空と木喰についてだが、円空を取り上げたことでよく知られるのは江戸中期の国学者伴蒿蹊《ばんこうけい》（一七三三―一八〇六）である。その著『近世畸人伝』〈寛政二年（一七九〇）〉の中で「僧・円空、付・僧俊乗」の項を設け、紹介した。これを参考とし、その後の研究成果も併せて有力説を紹介すると、円空（一六三二―九五）は寛永九年、岐阜県郡上市美並町、旧・郡上郡美並村、瓢《ふくべ》ヶ岳山麓で木地師の子として誕生したと推定されている。三二歳の時、美並村の粥川寺で得度。根村、神明神社神像三体を刻んだのを出発点として生涯、木彫の仏像を刻み続けるのである。彼はまず近江国伊吹山行道岩、通称平等岩で修行、修験者としての誇りを以って津軽から北海道へ渡り、新天地を舞台に衆生済度の厳しい実践に入る。あとは愛知、岐阜が中心であるが吉野から東の東日本一帯に広く作仏活動を展開、その数一万数千体にのぼるものとみられている。ちなみに現在の発見数は五二〇〇体余。通説として十二万体という説がある。元禄八年（一六九五）七月、数え六四歳で生地に近い美濃国、関の弥勒寺下、長良川畔で入定《にゅうじょう》したといわれる。円空は江戸初期の修験僧で、その木彫仏は一般にナタ彫りという表現で形容される、鋭利で、かつ深い彫りが特徴だ。仏像にみるその手法、特異の表情が現代人の心をとらえ、主として美的鑑賞の面から関心を呼んできた。平成十七年は入定三一〇年にあたることもあって全国各地で円空展が催された。

ところで、円空仏に対して好対照に取り上げられるのが木喰仏である。

木喰とは、木喰行道《ぎょうどう》(一七一八―一八一〇)のことである。円空に遅れること約百年。時代は江戸後期。良寛や一茶と同時代人である。この時代の旅行家として著名な菅江真澄(一七五四―一八二九)は、蛇の道はへびのたとえにも似てか、円空、木喰が足を踏み込んだ北海道へ渡っている。

さて木喰行道の行動半径であるが、これは広い。また諸国遊行も、九三歳で行き倒れになる(と推定)まで続くのであるからすさまじいものだ。生まれは享保三年(一七一八)、甲州、古関《ふるせき》村丸畑、現・山梨県身延町、伊藤六兵衛の次男である。伊藤家は現在も存続している。幼少期のことは不明だが、享保十六年、十四歳の時、「牛の鼻取りに行ってくる」と言ったまま家に戻らない。いまでいえば農作業中に牛が暴れないように、鼻をしっかり持って田の中を歩く手伝いの少年だったものの、そのまま江戸へ出てしまったのだ。丸畑へは私も二度訪ねたが、大変な山中である。彼はさまざまの奉公を繰り返すが芽は出ない。元文四年(一七三九）、二二歳の時、神奈川県伊勢原市大山の大山不動尊に参籠中、古義真言宗の僧に出会ったことから道を説かれ出家する。しかし、以後約二〇年余り空白があって、何をしていたのかよく分からない。宝暦十三年（一七六二）、四五歳にして真言宗羅漢寺（茨城県水戸市、現在は廃寺）の僧木食観海《もくじきかんかい》より木食戒《もくじきかい》を受ける。「行道」の名はその時、観海より授けられたとみられている。木食については普通、「木食」を当てるが「木喰」については柳宗悦発見時の「木喰」表記が定着し、今日にいたっている。

彼はただちに日本廻国を発願するが、運悪く羅漢寺が炎上。それどころでなくなって、寺の再建に奔走、十年近く費して、安永二（一七七三）年、やっと念願かなって出立《しゅったつ》した。この時、すでに五六歳にもなっていた。

◉立木に仏像を刻む円空。『近世畸人伝』より。

これからがすさまじい。身長は六尺豊か(約一・八メートル)?、頑健そのものでもあったようだが、まずは関東より東北へ。いったん故郷、丸畑に戻るも再び足は東北へ。さらに円空もかつて渡ったあの北海道へ。彼は北海道、江差の北、太田権現に納められていた、あの円空仏に出合ったとみられる。たぶんこのことが強い動機となったのであろう。これより木喰の作仏活動が始まっている。北海道をあとに会津、栃窪(栃木県鹿沼)より、佐渡へ向かう。当時の佐渡は阿弥陀信仰の中心地であったとみられる。いったん丸畑に戻るも、こんどは飛騨、北陸、紀州。近畿より山陽、四国遍路(逆路)、さらに九州へ。そのあと山陰、防府より再び四国巡り(順路)。これより遠江を経て丸畑へ帰ったのが寛政十二年(一八〇〇)であった。年は八三歳。安永二年、諸国遊行の僧となって以来、実に二七年の歳月が流れていた。

木喰はたぶんこの時の帰郷を以って、自分の人生の総仕上げとする気持をもっていたのではあるまいか。

生地、丸畑では永寿庵の本尊、五智如来を造像。終って旅へ出ようとしたところ村人から呼び止められ、四国巡礼八十八か所の本尊を彫ってくれと懇願される。最初は断るがついに懇願に負けて村にとどまることを決意。ところが造仏を進めるうち、途中で村人たちの離反あいつぎ、不快と失望のうちに、ともかく約束どおり八十八体の本尊を彫り上げ、四国堂も建立、無事、開眼供養を取り行なうことができた。この時、木喰自身が自らの生涯を告白、書き残したのが『四国堂心願鏡』であって、その他の資料とともにこれらが、大正十三年(一九二四)、あるきっかけで木喰仏に魅せられた柳宗悦(一八八九―一九六一)の丸畑現地調査により発見され、既述の如き木喰一代の全容がつかめることとなった。

ともかく享和二年(一八〇二)のこの時、彼は八五歳になっていた。開眼供養をすますとふっ切れたようにして木喰は丸畑を出てしまう。以後、二度と生地の土を踏むことはなかった。

ではどこへ向ったのか。

信州、上州から越後へ。さらに京都、丹波へ。清源寺、蔭涼庵《いんりょうあん》、いずれも京都府八木町で、ここには貴重な足跡を残し、最晩年の木喰の風貌等も伝えられている。これよりまたも信州、諏訪。そして生れ故郷、甲斐路に入る。甲府の善光寺、教安寺にはきているが、生地、下部温泉に近い丸畑の谷には踏み込まぬ。これが文化五年(一八〇八)四月のこと。九一歳になっていた。この頃、甥が同行している。最後に甥が丸畑に持ち帰った紙位牌により文化七(一八一〇)年六月五日死去したものとされている。一応、これを以って木喰の没年命日とする。九三歳である。どこで没したのかは明らかでない。いろいろ推理する向きはあるが、大月に近い鳥沢あたりでの行き倒れ同然の死ではなかったかともいわれる。

その木喰が地中より生い立つ生木の巨木に、直接、仏を彫り込み、しかもそれがいまも残っている、と聞いてたずねたのは平成十五年八月初めであった。当時は小郡駅、現在は山陽新幹線新山口駅下車、駅前より萩行特急バスに乗る。カルスト台地で知られる秋吉台を左方に北上、中国山地も終わりに近い峠を越えて約一時間で萩市に着く。バスターミナルから津和野（島根県）行、快速バスに乗り換える。標高四六四メートルの唐人山を右に峠を越えると盆地が開けている。

目ざす福栄村である。福栄村は、現在は萩市に合併されている。榎屋《えのきや》というバス停で下車。周囲はなんとものどかで、都市生活という雑踏に明け暮れている人間からみれば別天地だ。低い山並みではあるが杉林が整然と行き届いている。林業が盛んだ。古代、奈良の都の造営材も実はこのあたりからかなり搬出された。八月であるから稲穂はすでに出そろっている。秋の豊穣を待つだけの満ち足りた稲田の表情でいっぱいである。家々はどうであろう。あそこに数軒、ここに数軒と、森のかげに身を寄せるようにして民家が点在する。農業と林業で生計をたてている。家々の屋根は石州（島根県の一部）が近いからか、みんな赤瓦だ。赤瓦は雪や霜に耐えるため一枚一枚釉薬《うわぐすり》をかけてていねいに焼きあげた石見国特産の瓦で、

◉願行寺本堂前に立つ榧。
樹高二〇メートルのこの木の幹に
木喰が薬師如来を彫り込んでいる。

最上の瓦とされる。広く山陰、北陸あたりまで普及している。屋根瓦のよしあしがその家の富裕の度合を現してもいる。

さて、たずねる願行寺はどこであろう。折よく道端で作業していた老人に聞くとすぐに分った。片方の山へのぼる坂道がそれだという。みれば矢印の道案内も出ている。歩いて上ること約六〇〇メートル。

やがて本堂らしき大きな建物が見えてきた。そして、その本堂の前に、一本だけ、ツンと上にのび、それから左右に大きく枝を張った見事な巨木が立っている。ひと目で、これぞ木喰が仏像を彫った木に違いないと直感する。

かねて取材と訪問の事をお願いしていた加藤善隆住職にお目にかかる。

さて、本堂に入ると、二体の仏様が安置されている。

本尊は阿弥陀如来像で高さ八センチの蓮台に像丈三四・八センチの阿弥陀様が乗っている。長い年月ですすがかかったのであろう。墨をぬったように黒っぽい。もう一体ある。こちらは如意輪観世音菩薩像。像高九一・四センチ。右手を軽くほおに当て、左手は衣のうちにくるむ。岩を思わせる蓮台に乗る。こちらの木肌は茶色がかってなまなましい感じだ。

円空仏や木喰仏を眺めてきた経験から、この二体ともすぐに木喰仏であると分かる。使っている材は二体とも銀杏である。観音様が明るい茶色の木肌をみせているのも銀杏の木の特徴であろう。

作像の年代であるが、記録により阿弥陀如来像が寛政十年（一七九八）、如意輪観音像が同九年である。ともに福栄村文化財に指定されている。つまり、この時期、木喰は願行寺に滞在、二体の仏像を彫ったのである。しかし、本堂の前の立木仏もそうであるが、この村にはほかの寺にも木喰が彫った木像が複数残っているし、材はやはり銀杏を使っている仏もあるから、これらの仏像はいずれも一本の銀杏の巨木から掘り出されたものと考えられる。そして、これら作仏の期間、木喰はこの村にとどまっていたものとみられる。

複数あるといった仏像は堂ヶ迫の宝宗寺にある延命地蔵（像高八一センチ）、不動明王（同七一センチ）。紫福《しぶき》の信盛寺にある釈迦如来像（同八八・四八センチ）の三体でいずれも銀杏材である。信盛寺にはさらに柿の木に彫った阿弥陀如来像（同三三センチ）、弘法大師（同一三〇・一九センチ）の二体があるし、同寺の山号「實相山」の偏額（縦三六センチ、横九三センチ）は木喰が作ったものだがこれも材は柿の木だ。いずれも村の文化財に指定されている。作は寛政十年に集中している。

加藤善隆師の説明を聞きながらいよいよ本堂前の立木仏へ――。

坂を上るとき仰ぎ見たあの堂々たる巨木がいま私の目の前に静かに立っている。木は榧である。幹周四・二メートル。直径一・三メートルになるわけだから、ゆっくりと生長する榧の木の特徴からして、樹齢は数百年といえるであろう。榧の木としては第一級の巨木である。

目を移すと、大人の目線が届くよりやや上方となるように仏様が彫ってある。仏様が彫ってあるところは幹の内部であるから、長い年月のため周囲は樹皮がめくれ、仏様を次第に覆っている感じである。像高一四二センチである。子供の背丈ほどはある。「立木薬師如来像」と呼んでいる。実はこの仏像も木と一体のものとして「願行寺の榧」と命名され、村の文化財に指定されている。

地元の人たちには「耳の薬師様」として親しまれ、昔からご利益があると伝えられる。耳に霊験があるとは変った話だが、信者たちは薬師様にお参りしたあと、薬師様に耳を当てる。すると「ゴオーッ」と音が聞こえる。昔の人はその音を聞いて「耳が治った」と信じたのだという。

浜辺で貝がらを拾ったときなど、貝がらを耳に当てると、確かに「ゴオーッ」という音が聞こえる。子供たちはそれを不思議がり、面白がり、そして遊ぶ。それと同じ原理による音が、大きな幹に彫られた薬師如来の居られる穴からも聞こえてくるわけだ。素朴といえば素朴だが、医療の恩恵に浴すことの稀であった江戸時代の民衆である。辺地の人びとは病気の悩みをこうした民間同士の習俗や信仰心に求めたのであった。木喰仏が霊験あらたかであると受容されるわけがここにある。

お薬師様といえば圧倒的に「目」の治療に効果があるとされる例が多いようだ。関東など、お薬師様といえば目の仏様と考えられるくらいだ。春先に吹く関東の砂ほこりを混えた強風は目を悪くする。「虫歯」に効くというお薬師様もあるようだ。虫歯の痛みを訴える子供の叫びには親はただおろおろするばかりだ。助けて貰うのはやはり薬師様ということになる。

何であれ、榧の木に彫られた「薬師如来像」はかくていまもこの地方の人たちにとっては、昔ながらのありがたい仏様として生きているのである。木喰がこの木に薬師様を彫ったのはやはり寛政十年であるとみられるから、平成十八年のいまからなんと二〇八年も昔のことになる。この時、木喰は数え八一歳、俗人なら傘寿の祝いで浮かれている頃だ。

いったい何ゆえにこれほど過酷な生きざまを自らに課さねばならなかったのか。木喰にかぎらない。円空にもいえることであるし、そして、そのような一般世間の目からみれば、奇異とも風変わりとも、ヘソ曲りとも、偏屈者ともみられる人物は歴史上、何人も思い浮かべることができる。先の菅江真澄などはまずは同時代でまっ先にあげられるこの種の人物であろうし、さかのぼれば西行。くだれば芭蕉も良寛も、明治以降なら尾崎放哉や種田山頭火だってそうであろう。唐木順三はこの種の人間を『無用者の系譜』としてくくったが、人間、生きて行く真のきびしさにまともに捨ておかれたら、無用者という概念では少々甘かろう。もっとアナーキーなものだろう。そういう最底辺のところから、信仰という一筋の「光」を唯一の頼りとして、闇の底から這い上ってきて、民衆とともに信仰の道を生きた人物が、ここにあげた円空や木喰の実の像ではなかったかと私は解している。

厳寒期に立木仏を彫る

願行寺の起源は定かではない。寺伝によると開基は願誉と称する。兵庫県の一部である播磨国明石の人。十歳にして出家、三三歳の時、本尊阿弥陀如来像を負うて福栄村前身の一区域の旧黒川村手水川上流の山中に至り、石上に如来を安置、念仏に専念。二世覚誉良円の時、法性山願行寺と称し、貞享《じょうきょう》三年(一六八六)、三世法誉智源の代に現在地に移ったものという。貞享三年といえば三一七年前、将軍綱吉の代、円空活動の時代である。当時、榧の木はすでにあったのではあるまいか。しかし、寺は戦後、いつしか無住となり荒れるにまかせていた。

昭和四九(一九七四)年四月、山口県出身で大学を出たばかりの加藤氏が推められるままにこの寺に住職として入り、生い茂った草を刈ることから始めてやっと現在の寺らしい雰囲気に復興させたのだという。

「まさか木喰さんの立木仏があるなんて知りませんでした」と加藤住職はこの地へやってき

た頃を回想する。
　肝心の木喰行道のこの地への旅であるが、彼は確かに寛政九年（一七九七）二月、九州、日向を出発し、豊後を経て六月には長門国に入っている。彼、数えの八〇歳である。そして、現在の下関から北長門海岸沿いに巡錫を続ける。その足跡は木喰が『四国堂心願鏡』などとともに遺した『南無阿弥陀仏国々御宿帖』によってうかがうことができる。甲府市の木喰研究家丸山太一氏の整理による『木喰上人巡錫地控』（平成十三年、山梨日々新聞社刊）によると、下関の国分寺、秋芳町の毘沙門堂、三隅町の正楽寺、阿武町の法積寺と、仏像を納め、あるいは納経を続けながら歩いている。

寛政九年十二月十一日　フクイムラ
寛政十年二月十五日立　願行寺

とある。次に

（同）十五—廿八日　シブキムラ　真誓寺（信盛寺のこと）
廿八—三月五日　フク田ムラ立つ　太用寺（注・福栄村福田に太用寺あり）

と記し、あとは須佐町、田万川町を経て、三月下旬、島根県益田市の真福寺へと入る。

以上によって明らかなように、木喰は寛政九年の暮から正月をはさんで翌年二月十五日まで願行寺に、続いて三月五日までの約二〇日間、信盛寺と太用寺に滞留したことが分かる。福栄村を去る時、木喰は八一歳であった。この間に、彼は数体の木喰仏を彫ってこの村に残したのである。榧の木に彫った立木仏は季節からいえば厳寒期に当たる木喰の旅はその特徴からいくつかに区分できる（省略）が、彼が九州から長門に入った時期はどういう時期に当たるのであろうか。私見であるが、きわめて充実感に富み、心身ともに気迫のこもった時期と読み取る。

その理由は、木喰には合計六体の自刻像がある。この自刻像は人生、迷いの中、修行を続けつつ、総じて彼がいまでいう自己確認を得たタイミングと判断してよいと思う。不安心理にかられての自刻像ではない。その逆であって、自分も「仏」と悟る自意識高揚の現れと私は解釈している。彼は天明八年（一七八八）から寛政九年まで九年間も九州にとどまる。要因となるのは日向、国分寺の火災である。宮崎県西都市、現在は国分寺で、跡だけが残る。

「日向ノ国分寺ニ、ヨン所ナキ因縁ニヨッテトドマリテ住職イタシ。三年目ノ正月廿三日ニ出火ニアイ、ソレヨリ七年ガ間、難行苦行ニテ、伽藍建立成就」（『四国堂心願鏡』）

とある。

既述の如く、彼には水戸、羅漢寺での再建体験がある。ところが、奇しくも九州日向にてまたも寺の炎上に遭い、一転して旅どころではなく、寺の再建の再体験である。持ち前の精力的な説得、行動力が実を結び、結果、堂々国分寺住職をまかせられるのだ。木喰にしてみれば法外な出世、幸運(?)であったのかも知れない。この頃、精神的高揚感に浸っていることは確かとみてよい。まずは本尊五智如来坐像を六年がかりで完成させている。いずれも像高約三メートルという巨像である。この達成感は寛政五年奉納の円額に、自らの署名、「木喰五行」に現れ、しかもいまひとつ自分を「五行大菩薩」と記しているのをみても明らかであろう。つまり、自分で自分を一ランク格上げしている。こうしてしばらく長崎はじめ九州各地に杖を引く。長崎にもちゃんと自刻像を遺している。

日向国分寺跡には幹周約六・五メートル、樹高約三〇メートルという銀杏の巨木が健在だ。推定樹齢六〇〇年くらいとみられているが、その幹の空洞には木喰が寺再建を記念して奉納した木製の祠が納められている。しかし、これは樹皮によってその後巻き込まれてしまったという。これは生木に奉納した例である。

九州でのこうした高揚感を引きずって木喰は先の福栄村にやってきたのだ。銀杏の木は昔、堂沢というところに巨木があったと伝えられているところからたぶんその木を作仏の用に当てたのであろう。また、先述のとおり銀杏の木にはすでに九州時代、縁がある。信盛寺所蔵の柿の木の木喰仏は、もと寺の境内にあった柿の木を用いて彫ったものとみられる。

木喰は最初一千体の造仏を祈願した。木喰にかぎらず、作仏僧は普通そのようにしてまずは一千体を目標に掲げる。これを達成すると、次の一千体へと挑む。木喰は最晩年、一千体達成した旨、記しているから、当然、次の一千体を目ざしたはずである。しかし、結果的に生涯、どこまで刻んだか。想像すれば一千二、三百体前後ではあるまいか。現在、残っているのは六三一体である。

自らを仏と成すために

しかし何ゆえに、彼等はかくも厳しい生涯を送らねばならなかったのか。江戸という固定的身分制にがんじがらめにされた時代。それと関係なく締めつける差別、偏見の社会風土。個人としての非社会的性格。自己執着。結果としての異端、アウトローなど、いずれが因、いずれが果とも決めかねるどろどろとした心的葛藤の産物であろう。円空も木喰も重いハンディを負って生きた。そして最終の心の救済が「人」ではなく「仏」にあったのである。

「仏」を刻むことが、彼等にとっては即、「行《ぎょう》」でもあった。現代の美術家やデザイナーがみてとるような、人様の鑑賞に応えるために美的仏像を刻んだわけではない。そんなことは彼

◉願行寺の木喰仏「如意輪観世音菩薩像」（材は銀杏）。
右手を軽くほおに当てポーズをとる。
木喰は誰でも親しめる仏像を彫りながら全国を歩いた。

等にとってはあずかり知らぬ話なのである。

『木食戒《もくじき》』といわれる修行上の掟がある。円空も木喰も「木食戒」を受けている。辞書によれば「木食」とは「米穀を断ち、木の実を食べて修行すること。そのような僧を木食上人《もくじきしょうにん》と呼ぶ」とあるが、「木食戒」は単に米穀を断つだけではない。即身成仏こそ最大の願いである。そのために仏を作る、即ち「作仏」それ自体が仏との誓願なのである。戒は十二項目くらいあげることができる。

要は最後に行きつくところが仏との一体なのである。一体となることは即ち「成仏」。米穀を断つというけれど、四六時中、そうしたわけではない。修行時のみそれを実践したとみられる。また「そば」だけでは五穀のうちに含まれていない。そばは火を通さなければ食してさしつかえなかったといわれている。「火」は人間文化の所産である。よって、人の世の汚れを排し、拒絶し、神仏の世界、即ち、大自然そのものに回帰し、改めてゼロから精神と肉体の再生を図るという論理に立てば、火を通した食物を忌避するのは当然のことだ。

こうして、長い捨身修行の結果、円空に於ては、延宝七年(一六七九)六月十五日、四八歳の時、郡上市、旧・八幡町の千虎《ちとら》の「法伝《ほうでん》の滝」で滝行中、「是在廟　即世尊」の悟りを得た。滝は世尊の廟であり、自分はその仏の座にいる、という確たる自覚である。裏を返せば、仏の座にいる自分なのだから、自分自身が仏である。そこで彼は直ちに杉を割って不動明王像（像高七八センチ）を彫り、右の文を背面に書く。要するに、仏と一体になったという体感なのであって、世に言う円空の「白山神託」である。円空は最後、自分は白山の神の申し子という確信に到達した。

一方、木喰は文化三年（一八〇六）十月、八九歳にして京都、八木町諸畑、金龍山清源寺に現れ、十六羅漢を彫る。その時、応待したのは同寺、十二世当観和尚で、その様子を十三世仏海禅師が『十六羅漢由来記』として書き留めている。それによると、彫り進むうち、十二月八日、本尊釈迦如来を彫刻。その晩、木喰は霊夢をみた、とその歓喜を翌朝、当観に告げた。夜が明けぬのに東の空はあかあかと燃え、紫雲むらがり、降りてきた。みると、阿弥陀三尊がおられ、大声で

「汝が願莫大ナリ、依テ六百歳ノ延寿ヲ與フベシ。其名ヲ改メ神通光明明満仙人ト号セヨ」

といわれた。よって、これより「五行菩薩」を改めて「明満仙人」と号す、と木喰は言ったと記している。

木喰もまた円空同様の境地に到達したのである。

生涯をかけた修行過程で、円空も、木喰もともに何体かの自刻像、若しくはそれとおぼしき像を刻んでいる。また、地上に生えている巨木に直接、仏を彫ってもいる。

これを「立木仏」と呼ぶことは既述した、起源をさかのぼると、神仏習合が始まる平安末期に至るのではあるまいか。

木喰による立木仏であるが、愛媛県伊予三島市中之庄町、光明寺にもある。これは子安観音菩薩像で像高八八・〇センチ。彫ったのは槙の木で、寛政十一年であるから、長門を後にしてからの旅先であるが、この仏はその後、樹皮により像が包み込まれそうになったため、立木仏部分のみを切り取り、お堂に安置したため、立木は存在しない。柳宗悦が木喰の足跡を追って現地を訪ねた時はすでに現在の形で安置されていたというからいつ切り取られたかは定かでない。もう一体は兵庫県川辺郡猪名川町北田原、東光寺の境内にある。これは樫《かし》の木の巨木に彫られたものであるが、木の方がとっくに枯死している。

巨樹の寿命を生きる仏

願行寺に残る榧の木に彫られた立木仏は、その意味で、現在も昔の面影をリアルに伝える貴重なものである。深層意識に、大自然をそのまま神と見、仏と感得する力働がある。締めくくりに、生木になぜ仏を刻むのか。

その心理構造に触れてみたい。

一木一草にカミが宿ると感得した太古日本人の対自然感性はアニミズム的自然感である。草木国土悉皆成仏はその仏教解釈。この感性は二一世紀の現代日本人の血のなかにも精神的遺伝子ともいうべき感性として脈々と流れている。ただ、長い年月、異文化の影響、合理的思考の進化等により、感度の方はどうしても希薄化してきたことは否めない。しかし、意識の底には消えることなく、絶えることなく生き続けているし、流れてもいる。自然保護思想に私たちが敏感なのも、意識下の感性が反応するからである。元へ戻ると、円空仏、木喰仏にひときわ関心が行くのも根源を求めると、森羅万象にカミが宿ると感じる精霊感による。

さて、円空、木喰とも過酷な生涯を体験し、心的救済の最後のよりどころを「仏」に求めたことは記した。「仏」とは何か。今述べたように、実相は実は大自然そのものにほかならぬ。だとすれば、仏像を刻む木はそのままが仏性を備えているのである。

現代と比較にならぬくらい多くの大木がかつては日本人の暮らしの身辺にあったことは明らかである。それらはいずれも今の論理により、大いなる神であり、仏である。神社の御神木を思い浮かべれば誰でも諒解できるだろう。しかし、神であり、仏であるのだが、そう直感するだけで現実には「神」でもなければ「仏」でもないのだ。依然として、肉眼でみるかぎりは巨樹であり、巨木にしか過ぎぬ。ただ、異形怪異の風貌、樹相によって、その巨木はただならぬエネルギー、神秘の力を保持していることだけは疑う余地がない。つまり、「霊」がその木に籠っている。

その「霊」をこの世に引き出し、それに「形」を与えてこそ、初めて、「霊」は「霊」となるのだ。これが顕現なのである。即ち、「霊」は「仏」という「形」を与えられることによって初めて野生のエネルギーを、人の世の幸福に寄与する文化のエネルギーに転換できるのである。

では、誰がそれを可能とすることができるのか。仏に奉仕し、自ら仏と一体とならんとする聖者、即ち、修行僧によってこそ可能である。そういう自負を以って彼等は生きてきたのではあるまいか。

これが、日本の「仏」が誕生する心理過程であると思う。仏教伝来といわれる。その伝来の「仏」は形ある「仏」がやってきただけのことであって、日本で誕生したものではない。日本人が日本人の知恵と哲学を以て、新しい「仏」を誕生させねばならない。その母胎は何であるのか。大自然のほかにはないのだ。神仏習合の意味合いはこうした心的ドラマを土壌としているであろうと私は思う。

となれば、木を切るのではなく、現に生きている大木そのままを「仏」に変えんとする発想がひらめくのは当然の帰結といえるであろう。但し、これには二律背反がある。木はそれ自体が生きているのだ。それに仏を彫るなど、木を傷つけることである。即ち、眠れる仏を殺すことになる。仏の教えに真向から背くことだ。しかし、もし、本当に「仏」が出現したなら、それこそ、生ける仏がそのままに地上に現れ、しかも巨樹の寿命をそのままにこの世に利益を与え続けることになる。これを可能とさせるか否かは唯一つ。聖者のただならぬ信仰の力だけが頼りであり、その信仰

◉「薬師様」のある願行寺から眺めるのどかな村の風景。

が本物であるか、そうでないのか。まさにそこが、「立木仏」誕生か、失敗かの分岐点となるはずである。

世にいう「立木仏」はこうした宗教上の決断を経て誕生したものであるといってよい。木喰が願行寺に滞在したこの時期、かなりの高揚感に燃えていたことを先に記したが、信仰上の確固とした信念なくしてこういうことはできぬはずである。

願行寺本堂前、榧の木のそばに立つと、はるか下に、一面の稲田風景がひろがり、近づく実りの秋を待っているかのようであった。人肌色をした土の道が本堂の脇から一面の稲田風景へ向って続いている。黙っている。人の影も見えぬ。けれどなんというぬくもりのある温《あたたか》な道の光景であろう。「たぶんこれが見収めとなるだろうな」。そんな思いが私にじんわりと湧いてきた。

3章

古《いにしえ》のときを想わせる、波崎《はさき》の大タブ

◉波崎の「大タブ」茨城県指定天然記念物

【推定樹齢】約1000年
【目通り幹囲】8.2 m
【樹高】15m
【撮影】2006年 牧野
【所在】茨城県神栖市波崎 神善寺

木との出合いにもいろいろある。若いときは、この木に会いたいと思えばそのまま直行的にすぐ家をあとにしたものだが、年をとってくると慎重になるというのか機が熟すのを楽しみながら待つというのか、とにかく時間がかかる。最初はあれこれ空想じみた想像を逞しくするのだが、次第にその想像力なるものを膨らましては潰し、また膨らましては潰して、最後、どうしても確かめなければならぬことがらのようなものが絞り込まれてきて、結局、何か憑かれたような気分になって、現地へ出かけることになるのである。

ここにあげる利根川河口にほど近い、茨城県「波崎の大タブ」は後者、最近の例である。このタブの木のことは何年も前から気にはなっていたが、その気になりさえすればいつでも行くことができるのだからと少したかを括っていたところもある。古希を過ぎると生理的に体力のことも気になり、事実、昔のように簡単に遠出もできなくなる。いきおい近場に目が定まり、例の空想が頭をもたげる。空想といっても、妄想とは違う。その木の第一印象、周囲の環境。地域住民の暮らしや人情のさま、信仰のさま、木に別れを告げるときの自分の心の充足感などなどだから、いってみれば年寄りの欲張りの塊のようなものだ。それだけ現世に執着している証拠かもしれない。

平成十八年八月十日、盆の前にお参りしようと思ってでかけた。このタブの木は茨城県神栖市波崎《かみすはさき》、神善寺《じんぜんじ》の境内にある推定樹齢約一千年の巨樹である。場所は千葉県銚子市の利根川を挟んでちょうど対岸に位置する。

ひとつはこの絶妙な地形的配置が私に想像力をいろいろかき立ててくれる所以でもある。JR東京駅から総武本線特急で銚子まで約二時間。沿線に自然の木々の一段と色濃さを覚えるのは佐倉あたりからだが、山武《さんぶ》杉の存在感が消えて、明らかにタブの森が主流となり、しかもその緑のしっとりと深く、艶やかな印象を与え始めるのは旭あたりからだと思う。同じ千葉県で海岸部ではあるが、房総先端部が椎の原生林が主体であるように見えるのと印象がずいぶん違う。東京に近く、それでいてこれほどの強い印象を与える昔ながらの自然が残っているのだから貴重そのものである。

銚子駅前より鹿島神宮前行きのローカル線バスに乗った。銚子大橋なるものを渡る。幅員狭く、ゆるゆる渡りながら反対車線の車とやっとのようにすれ違う。下に河口を広げるだけ広げた利根川が鏡のように光っている。明らかにこれから異次元空間へ車ごと呑み込まれる一種劇場感を味あわされる。渡り終えたときが別世界なのである。十数分で舎利寺前という停留所に着いた。寺は近くの店で尋ねるとすぐ分かった。

一歩、境内に足を踏み入れると、目の前はもうタブの木の大きな枝で遮られている。

あれっ、どこかでみたようなポーズだ。ふと、そんな感じがした。そうだ、昨日、慰霊祭が行われた、あの長崎の原爆、平和像の大きな手と、このタブの木の太い枝とが重なってイメージされたのであった。枝張りは東西方向二八・七メートル、南北十九・四メートルある。樹高十五メートル。幹周は八・二四メートル。根回り十七・五メートル。環境省の調査によれば、タブでは関東で第三位、全国で第五位の巨木である。

根もとにはお大師さま

寺の名は正式には益田山相応院神善寺。天喜四年(一〇五六)、時代は後冷泉天皇の時であるが、高野山より、空海から五代目の弟子・貞祐上人が十六善神の宝物を持ってこられ、この地に開山。宝物は空海の真筆とか。御本尊は当然のことながら大日如来。智山派・真言宗の寺院である。木は県指定天然記念物(昭和三五年)であるが、ほかにも鎌倉時代作の釈迦涅槃《ねはん》像、室町時代作の大日如来座像(ともに県指定)。釈迦堂、地蔵菩薩立像(ともに旧波崎町指定)などの文化財に恵まれている。

幹は目の位置あたり大きく膨らみ異様な感じであるが、それがかえって霊験あらたかと日本人は感受してきた。よくみると椿の木が幹の中から生えている。タブを宿借りにして生きている。枝は上よりも横に延びた感じで自由奔放の感。しかも、タブの木はこれ一本ではない。ほかにも三本、少し小さいがかなりの巨木が対照的に植えられている。寺ができた当時、

◉大タブの根もとには、木の方を向いて手を合わせる何体ものお大師さまの姿がある。

このタブはすでにあったと伝える。たぶんここはタブの木が何本も繁る大きな森ではなかっただろうか。

樹齢千年の貫禄はさすがだ。幹の色はくすんでやや白っぽく、それがなんとも言えぬ野性味を覚えさせる。目を根もとにやると、周囲を囲むようにしてたくさんの石仏が並ぶ。しかも、普通は幹を背にしてお参りにくる人に向かって並ぶのだが、ここでは反対だ。人に背を向け、木を拝む。実は、石仏ではなく、みんなお大師さまだという。というのも、江戸中期、野火が押し寄せ、ためにこの地域はなすすべがなかったが、不思議とこのタブの木に火が燃え移るやにわかに火勢弱まり、地域全体、難を免れたという。これより、人は火伏せの木とも呼ぶ。かくて火伏の護摩を焚き家内安全を祈願することになったという。木に向かう石像がお大師さまと言われるのもこのことを考えるとよく分る。石の像を護摩焚く大師のお姿と解釈できないか。

焼ける木の姿は、木そのものが小さな太陽になったと解することもできるが、同時に受難・受苦の木であり、民衆の身代わりとなった木でもある。大きな太陽は勿論、天体の太陽である。右により、この木は本尊、つまり大日如来の化身ということにもなってくる。真言密教では大日如来は太陽そのものである。

かくてタブの木は昇る旭を全身に受けて、その力を自分の生命力として万民を恵む力とする。つまり生きたまま仏となる「即身成仏」の象徴でもある。まさに聖なる「木」である、という論理が成り立つ。大自然の絶対の生命エネルギーそのものが仏なのであって、その真理そのままを具現している木。それがこの黒潮洗う地に凛として立っている。さきほど特急列車の窓から飽かず眺め続けた、あの黒々と底光りしたタブの森の姿態が私には鮮やかに甦ってきた。

「タブ」は「玉」「霊」か

タブノキはクスノキとよく比較されるクスノキ科の植物で、高さ二、三〇メートルになる常緑高木。クスの若葉が最初、やや赤味を帯び、やがて華やいだ若緑に変わるのに対し、タブの方は葉も大きく落ち着いた、柔らかな緑である。ことに五、六月頃、枝先に小さな淡い黄緑色の花をたくさんつける。私が住んでいる奥武蔵にも一本、かなり大きなタブの木があるが、花の季節、このタブの木の花を眺めるのが楽しみの一つである。

タブはクスに似ているところからイヌグスともクマグスとも呼ばれる。南方熊楠の名も由来はそこにある。よく似ているものにイヌ（イヌザンショウなど）とつけたり、似ていて怪しい物にキツネ（キツネノタイマツなど）とつけたり、大きい物にはクマ（クマザサなど）とつけたりする。植物の名のつけ方の類型である。

タブの名の由来であるが、柳田国男、折口信夫などの説や見方がある。一般に「タブ」を「玉」「霊」と観て、日本人の古代樹木崇拝の反映と解釈される。しかし、樹木崇拝は対象をタブだけに絞るわけにもいかない。これに対し、丸木舟を意味する朝鮮語に「ton-bai」があり、舟を造った用材の木の名も自然そうなったと中田薫氏が述べられているそうである。そのことを深津正氏が言っている（『植物和名の語源』）。朝鮮語の発音がなまって「タブ」となった。この方がうなずけるかも。

古代、朝鮮半島から日本に渡ってきた人の船はタブで作られていたという。『日本書紀』にスサノオノミコトが船はクスノキを用いよ、と言ったというのもタブのことではないか、との説もある。船は我国ではクス材が使われるわけだが、タブも始めは使われたのではないか。タブは日本海側にも広く分布している、能登一の宮・気多大社の御神木はタブの老樹であるし、本殿背後約三三〇アールは「入らずの森」と呼ばれる古来の聖地で、タブ、スダジイ、ツバキ、ヒサカキなどの原生林だ。稲作以前の日本の沿岸風景はたぶんこのような姿であったと推定されている。若狭国のニソの森もタブの森とみてよい。タブは太平洋岸でもかなり北まで分布し、三陸海岸まで達する。

神善寺の住職は中山照仁氏。まだ若いが、境内のタブの木を大事に守り、この木を拠所に地域の活性化をと考えている。木の根元に昔からの石があったので、樹勢に悪いと取り除いたところ木に元気が出てきたように思う、と言う。

「神栖」の元は、カミの瀬であり、瀬がス(洲でもある)になったと見られる。近くに全国有数の古社の一つ、鹿島神宮がある。同神宮については『常陸国風土記』(養老五〈七二一〉年頃編纂)はじめ、記述は多岐にわたる。が、この神の原点は「坂戸社」にあり、その本体は境界の神であるということ。坂の向こうは古代大和政権にとって異郷の地であった。陸奥《みちのく》はかつてエゾ地を指した。陸を「ミチ」と読ませる。ここが大和政権の北の最前線である。その常陸とは日立(日立市がある)であり、日向(総武本線に日向駅あり)であり、日高(埼玉県に日高市がある)の意なのである。北へ勢力が延びるにつれて日高の地名も移動し、北海道まで移る。

そして、鹿島であるが、カシとは船をつなぎ止めるため水中に立てる杭のこと。カシが「河岸」であり、カシは当然、境になるし、そういう所が選ばれる。カシマもサカトも同義となる。ここを起点として旅に出る無事を神に加護する。「鹿島立ち」である。そして、鹿島の神は、正殿は北面(対エゾ)、神座は東面(太平洋・旭)する。

私はしばらく神善寺の周辺を歩いてみた。

寺の山号となっている益田神社、さらに日之本八幡神社があった。いずれも規模は小さな神社であるが、森のたたずまいは深々としている。しかも、樹林の主体はみんなタブの木なのである。これらの森は昔も今も、海行く人たちからは格好の目印となったに違いないし、この地で暮らす人たちにとっては真夏は強い日差しをよける隠れ家となり、冬は日光を反射してまぶしく照り映える神の木と考えられてきたのではなかったか。注意して眺めると、いまどきもう珍しい萱葺きの平屋の民家が半分荒れ果ててはいるが、それで、なお、わずかに人の息遣いを残しながら、一軒、静かに立っていたのが強く印象に残った。

4章

妙好人・因幡《いなば》の源左《げんざ》と柿の木

◉源左の家の柿の木。俗に「奥谷柿」という。

【推定樹齢】150年
【目通り幹囲】約1m
【樹高】7〜8m
【撮影】1996年、牧野
【所在】鳥取県鳥取市青谷町山根

生き仏とされた人

柿の実は日本の秋の味覚を代表する果実として古くより日本人にとってもっともなじみの深いものである。殊に、澄み切った秋空を背景に、陽光に照り映える柿の朱色の輝きには思わず目を見張る。柿の木はかつて日本の農村などでは屋敷の中に一本や二本はどの家でもかならず植えられていたといってよいくらいで、たわわに実がなっている秋の風景など独特の興趣を湧かせたものである。それだけに人には柿の木や、実についていろいろの思い出があるし、古木ともなると、それにふさわしい伝承などもあったものである。

因幡の源左《げんざ》についても、柿の木をめぐる話が残されている。

ところで、因幡の源左と聞いて、ああ、あの人かとすぐ分かる人はきわめて少ないのではないか。普通はこれに「妙好人《みょうこうにん》」と三文字をつけ加えて呼ぶ。「妙好人」とは「行状の立派な念仏者。特に浄土真宗で篤信の信者をいう」との一般的解釈を心に留めておくとしよう。

ここに登場する「妙好人・因幡の源左」なる人物は大正期から昭和初年にかけて因幡地方(鳥取県の一部)を中心に、生き仏として名を馳せた有名な人物である。篤信の念仏者だけに奇行じみた言行も伝えられ、それらが閉鎖的だった昔の農村社会ではいっそう話題性となって人びとの記憶に強く残されることとなった。

このような人物を生むについては当然、それだけの信仰と社会的土壌があるはずで、それらは別なる考察の対象ともなるわけだが、時代は徳川末期からといえる。そして、それらの人物は大部分が無名の農・商人である。一般に指摘されていることだが、共通するところは一途な念仏生活者であること。自己犠牲。結果として体制への順応的生き方にあろうか。彼等は真宗門徒の理想とされ、妙好人といえば真宗の篤信者を指す場合が多いのである。彼等の存在は『妙好人伝』六巻（仰誓《ごうせい》ほか編纂）が徳川末期に出され、広く知れわたるようになる。越中、赤尾道宗《どうしゅう》（？—一五一六）、大和の清九郎《せいくろう》（一六八〇—一七五〇）、讃岐の庄松（一七九九—一八七一）、石見の浅原才市《さいち》（一八五〇—一九三二）などがいるから、源左衛門、通称・源左（一八四二—一九三〇）だけではないのである。殊に、石見の浅原才市は独特の表音方式で、「口合い」と称する独自の宗教詩を残した。約六千首が現存する。鈴木大拙（一八七〇—一九六六）がその著『妙好人』で才市を取り上げ、大いに注目されることとなった。

源左の存在を妙好人の視点で著述した人物は民芸の創始者・柳宗悦（一八八九—一九六一）である。柳は昭和二三年十一月初旬、鳥取に吉田璋也（一八九八—一九七二）を久し振りに訪ねる。吉田は旧新潟医専、現新潟大学医学部の学生だった大正九年（一九二〇）、ともに『白樺』の思潮に共鳴していた親友の式場隆三郎（一八九八—一九六五）とともに、その頃、千葉県我孫《あび》子《こ》に移り住んでいた柳を訪問。以来、二人とも柳の生き方に共鳴、いずれも民芸の分野で柳の良き協力者となった。

吉田の場合は開業医であると同時に、新作民芸の実践者として実績を残した。柳が吉田のもとにやってきた時、顔を合わせたのが地元では一部、変人、奇人扱いにされながら一部に強烈な信奉者を持つ田中寒楼《かんろう》（一八七七―一九七〇）なる老人であった。寒楼について話すと長くなるが、彼は明治十年（一八七七）生れ。鳥取市河原町小畑の産だ。誕生当時は島根県八《や》上《かみ》郡小畑村であった。若くして正岡子規（一八六七―一九〇二）に師事するも、家庭事情から無頼の生活に入る。思い直して小学校教師を務めるも、のち北陸以西、全国を放浪。俳句と歌に明け暮れたが、孤独の極限に於て謳《うた》いあげた独特の対自然感性と格調高い精神世界は、彼の奔放、無類の生きざまとも、かえって相乗効果を発揮し、この地方で言われる、いわゆる「寒楼信者」なるものを生んだ特異の人物である。

その寒楼と出会って、柳は意外にも、不可思議なる源左の言行の数々を直接聞かされたのである。それもそのはずで、寒楼は生前の源左と交流があったし、源左を知る貴重な証人の一人でもあった。寒楼は昭和四五年（一九七〇）三月、九三歳の天寿を全うしたが、柳と出会った時は七一歳である。一方の柳は五九歳。ちなみに柳が彼の仏教美学の集大成とも目される『美の法門』を刊行したのは翌昭和二四年三月。還暦の年であった。柳の思索上の機は「源左」を解するに十分に熟していたことになる。ともかく、これが縁となり、吉田のはからいで柳は翌年ひと夏、源左の菩提寺、鳥取市青谷《あおや》町山根、当時は鳥取県気高《けたか》郡青谷町の願正寺《がんしょうじ》に滞在、源左資料も手元にあって源左研究に熱心な衣笠一省住職（故人）の協力を得て『妙好人因幡の源左』の刊行をみた（昭和二五年、大谷出版社刊）。なお本稿での源左の言行部分は柳宗悦・衣笠一省編『妙好人因幡の源左』からの引用であること。但し、カッコ内の方言は筆者が入れたものであることをお断わりしておく。

私は二〇代半ば吉田璋也と出会い、民芸思想に共鳴、吉田の感化を強く受けた。そして、昭和三五年あたりであろうか、吉田先生を囲む民芸協会の仲間と一緒に初めて青谷の願正寺を訪ね、源左の存在を実感を以って知った。のち上京、昭和五〇年頃であったか、私は全国に手すき和紙の産地を訪ね歩いた。その時、再び、この山根の村を訪れ、わずかの時間をみつけて、後述する源左ゆかりの柿の木を確かに見届けて帰京した。しかし、人間、性根を据えぬことには本当は何も見ていないことになる。巨樹に関心を抱くようになってからなんとなくこの柿の木のことが気になり始め、十年ほど前、またもひそかに現地へ足を運び、こんどははっきりと柿の木の実像を心に刻むことができたのである。さらに奇縁というべきか、私は上京ののち、その田中寒楼にもいちど出会うこととなり、寒楼信者の視点ではなく、寒楼の心の中に潜む日本人の心の原構造とでも呼ぶべきものに強く引かれ、感じるところを二、三の著述としてまとめてみたりしたことであった。

話が奇妙な運びとなって見苦しいのであるが、源左と柿の木をなぜ、私がここに取り上げるか。その論拠を明らかにしておく必要があると感じたわけである。

「ようこそ、ようこそ」

話は前後するようだが、源左の生地は先程地名の出た鳥取市青谷である。鳥取県は旧因幡、伯耆《ほうき》の二国より成るが、青谷は因幡国の西の端に当たる。青谷の「青」は『黒潮の民俗学』のなかで谷川健一氏示唆するところの「青《あお》」であろうと思う。青谷より東、湖山池《こやまいけ》中の島の一つに「青島《あおしま》」あり。古代遺跡になっている。また、青谷は平成十三年、弥生中・後期（約一八〇〇年前）の遺跡「青谷上寺地《かみじち》遺跡」が明らかにされ、弥生人の脳味噌が出土して世界的に注目された。また、全国有数の手すき和紙の産地でもある。技術伝承のルーツは越前系とみられている。山根集落は戸数約一五〇戸であるが、住民は敬虔《けいけん》な真宗門徒として知られる。健康で習熟した手仕事の技術レベル維持のかげに真宗による強烈な信仰心があるのではないかと語られる。だとすると、柳のいう「民芸論」実証の集落でもあると解釈できる。

この頃、地方へ旅すると「ようこそ〇〇へ」といった歓迎の大きな看板をあちこちで目にするが、この青谷地方では、いまも住人の間で、日常会話のなかに「ようこそ、ようこそ」という言葉が生きている。ここでの「ようこそ」には「よくいらっしゃいました」の歓迎の挨拶だけではない。もっと深い意味が込められている。それは「おかげさまで…」の感謝の意である。

誰のおかげさまなのであろう。「仏さま」のおかげであり、その「仏さま」を慕う「あなたさま」のおかげでもあるのだ。それが主客共通の心のぬくもりとなって伝わり、ともにあい確かめ、仏への感謝の念となって表出されるのだ。だから、「ようこそ、ようこそ」。あとは「南無阿弥陀仏」の念仏となる。「南無」はサンスクリット語の namo「私は帰依します」の意である。

このような精神的風土を、日常そのものとして己に課して生涯、生き抜いた人物が、「源左」と呼ばれた一老人、その人であった。彼は大正期から昭和初年にかけて、因幡一円に知られた人物であるが、その理由の一端は一見、奇行の人とも見られた強い印象にもよる。「ようこそ、ようこそ。南無阿弥陀仏。南無阿弥陀仏」。これが源左の口ぐせであったと伝える。先に述べたように、ここでの「ようこそ」はだから独特の響きとなるわけだ。

一体、なぜそんなに「ありがたい」のか。

今日という今日、いまといういま、この瞬間を「親様に生かされているからだ」と源左はいっている。「親様」とは誰なのか。阿弥陀如来のことである。西方浄土の仏様である。南無阿弥陀仏はその名号。かくて、阿弥陀仏は、わが名号を唱える者は一人残らず極楽浄土に往生せしめる——。このことを如来様はすでに本願として誓っておられるのだ。ということは、如来様が誓っておられるかぎり、浄土往生はすでに仏が約束ずみのことであって、はや疑う余地はないわけだ。ならば、人はただひたすらこれを信じ、名号を唱えるだけのことである。要は、これを実践する絶対の信仰があるか、ないか。それだけにかかっている。仏は必ず救ってくださる。即ち、絶対、お他力の信仰がここに成り立つ。

源左はたくさんの言行、逸話の類いを残している。すべては右の実践から生まれたものだ。源左がこの事を語る代表的な話がある。

彼は言ったという。

「親様が必ず助けると言われたら、間違わんけえのう（間違わないからねえ）。聞きゃ（聞けば）「必」という字にゃ、「心」に目釘が打ってあっただけのう（打ってあるからのう）」

これは強烈である。「心」に目釘を打って「必」と読むとは目を見張らせずにおかぬ説得力を持つ。平成の現代、どんな高僧、学者が説く説教も、これには太刀打ちできまい。

この論法はどう考えても知識人のものではない。日々、額に汗して働き、感謝して夕餉《ゆうげ》の膳に向う労働・生活人の素朴、率直な感情であり、論理である。権力もない。学問もない。文字も読めない。けれど、「心」だけは高貴であった。これが、日本の凡夫の姿であった。源左はそういう人物の典型であったことになる。

ふいっと分かったこと

源左が生まれたのは天保十三年（一八四二）だ。死去は昭和五年（一九三〇）。数え八九歳という長命であった。本名は足利喜三郎。彼で五代目であるが、農業のほかに既述で分かるように紙すきを生業《なりわい》とした。足利姓は明治になってからのこと。名も正しくは源左衛門。これを人は略して「源左」と呼び、自分もそれで通したらしい。

時代背景に触れておこう。天保八年が大塩平八郎の乱。同十一年から十三年がアヘン戦争だ。水野忠邦の政治改革が同十二年。源左が生まれた十三年は平田篤胤の死去(六八歳)の年でもある。あと十一年するとペリーの浦賀来航、世情騒然となる。明治元年(一八六八)、二六歳。中堅どころといってよい年だ。明治までに年号は天保から弘化、嘉永、安政、万延、文久、元治、慶応と目まぐるしく変わる。幕末維新の嵐の中をくぐり抜けてきた。

身長五尺四寸(約一六二センチ)、骨格たくましく、目は大きく、口もとはひきしまっていた。そして、大地に汗して働きつづけた。同胞は五人。弟二人、妹二人がいた。源左は長男であった。父は善助といったが、安政六年、当時はやったコロリ(コレラ)で死んだという。四〇歳くらいだったという。母の名は千代という。こちらは長寿で明治四一年、八八歳で亡くなった。

源左が妻を迎えたのは二一歳のとき。文久二年(一八六二)である。妻の名は「くに」。天保十年の生まれであるから、源左より三歳年上だ。くには信仰については特別厚かったわけではないが、よく仕えたという。彼女は母千代が亡くなった翌年、明治四二年、死没、七一歳であった。このとき、源左は六八歳。

源左はくにとの間に三男二女の子をもうけた。長男は夭逝。次男の竹蔵は信心厚かったが、のち長女に死に別かれるなどして一時、精神に異常をきたしたという。三男の萬蔵も信仰厚かったが、死ぬまえ精神的異常をきたし、回復しなかった。

一家の雰囲気はこのようであったが、さて、源左の妙好人たるゆえんはどのあたりにあるのであろうか。

真宗では信徒同士をたがいに同行《どうぎょう》と呼ぶが、ある日、同行の一人が源左にこう問うたという。

「源左さん、あんたはいつ頃から法を聞き始めなさいましたかやあ(かねぇ)」

「十九の歳《とし》だったいな。十八の歳の秋、旧の八月二五日のことで、親爺《おやじ》と一緒に昼まで稲刈しとったら親爺はふいに気分が悪いちって(といって)家に戻って寝さんしたが、その日の晩《ばん》げにゃ死なんしたいな。親爺は死なんす前に、『おらが死んだら親様をたのめ』ちって(といって)なあ。その時から死ぬっちゅうなあ(ということは)、どがんこったらあか(どういうことであろうか)。親様ちゅうなあ、どがなむんだらあか(どんなものであろうか)。おらあ不思議で、ごっつい(とても)この二つが苦《く》になって、仕事がいっかな(いっこうに)手につかいで(つかないで)、夜（ようさ）も思案し昼も思案し、その年も暮れたいな（ましたよ）。翌年（あくるとし）の春になってやっとこさ目が覚めて、一生懸命になって願正寺様に聞きに参ったり、そこらぢゅう聞いてまわったいな（まわりましたよ）」

本当はこの告白はもっと続くのであるが、要点は以上に尽くされている。

突然の父の死に直面するのが十八（数え）の年だ。ということは安政六年（一八五九）。翌年は万延と変わって桜田門外の変（井伊直弼殺される）である。

源左の回想によって、鮮明に感じ取れることがある。

それは突然の父の死からくる悲しみというよりはこれからどう暮らしていったらよいのか。どう生きて行くべきか。そのことに迷い絶望する源左の姿である。

そして、彼の頭にこびりついたのが、臨終の父の言葉であった。「死んだら親様をたのめ」――いったい親様とは何であろう。そこである。彼は絶体絶命の窮地にたたされている。そこから、次なる超越世界、仏の世界へ、彼は真に踏み入ることができるかどうか。

禅の世界は、自力でその壁を打ち破ることができるか否かが問われるであろうし、お他力の場合は彼岸にいます（と考えられている）仏にすべてをあずけることができるか否か、そこへかかってくるのではないか。現代風にいえば実存の問題であろう。

その源左が、苦悶のあげく、ある朝「ふいっと分からせて貰った」のである。

源左は回想する。

「ある年の夏でやあ（ですわい）。城谷《じょうだん》に牛《でん》を追うて朝草刈に行って、いつものやあに（ように）方把《たば》刈って、牛《でん》の背の右と左とに一把ずつ付けて、三把目を負わせようとしたら、ふいと分からして貰ったいな（貰いましたわいな）。牛《でん》や、われ（お前）が負うてごせつだけ（くれるから）、これがお他力だわいやあ（なのだなあ）。ああ、お親さんの御縁はここかいなあ（ここのことかなあ）、おらあその時にゃ、うれしいてやあ（うれしくてなあ）」

時刻はまだ夜も明けやらぬ早朝である。

そのうち、次第に夏の夜が明けてくる。牛《でん》に草を背負わした頃、空は明かるくなってきて、源左は牛《でん》のそばで一休みする。

すると、また悩みが起ってきたという。どうして生きて行くのか。どうして暮らして行くのか、という煩悶である。

源左の心の中で、さらなる衝撃が走った。

「その時、われは何をくよくよするだいやあ（するのかねえ）。仏にしてやっとる（やっている）じゃあないかいや（ないのかね）」と如来さんのお声がして、はっと思ったいな（思いましたよ）。御《お》開山様《かいざんさま》が「おの（自分）が使いに、おのが来にけり」ってなあ。おらあ牛《でん》めに、ええ（よい）御縁貰ってやあ（ねえ）お親さんの御恩を思わして貰いながら、戻ったいな（戻りましたよ）。もったいのうござります。ようこそ、ようこそ、なんまんだぶ、なんまんだぶ」

これは源左の入信を悟る、象徴的逸話である。源左の身内はじめ、親しかった人はみんな知っていた話だ。「牛」のことを「デン」とこの地方では呼ぶ。源左はこの話の折、「ふいっと」と語る時は、いつも微笑を浮かべ、とてもうれしそうであったと伝える。

庭の柿の実は仏さまの恵み

話はやっと、柿の木へとつながる。

『源左言行録』の中に、あの柿の木が登場する。

ある年の秋、その柿の木になんと茨《いばら》をくくりつけて、木に登れぬようにしてある。

それを見つけて源左が

「誰だら(だろう)。柿の木に茨をくくりつけた者わ」

それを聞いて、せがれの竹蔵が、

「そりゃ、おら(俺)だけっど、若い者が柿を取ってこたえん(たまらないからだ)」

というと、源左は、

「竹や、人の家の子に怪我《きず》さしたらどがすっだらあ(どうするか)」

といってその茨を取り外し、かわりに梯子をかけてやったというのである。

それからしばらくして竹蔵はいう。

「ててさん（父さん）、柿の木の梯子、まあとらいのう（まだ取らないのか）」

これにたいする源左の答えがふるっている。

「まあ、置いとけえやあ（置いておくがいいよ）」

竹蔵「置いときゃ（とけば）、人がなんぼ（いくらでも）取っで（取るよ）」

源左「人が取っても、やっぱり（やはり）家（うち）の者が余計（それ以上、たくさん）食うわいや（食べることになるよ）」


干柿の話もある。

ある夜、源左が寝ていると、屋根のひさしでがさがさ音をさせて、村の若い者が干柿を盗みにきている。

たぶん、裏の柿の実を収穫して作った干柿なのであろう。ところが源左は、「おお、若い衆、あいまちせんやあに（怪我しないように）、そろそろ（ゆっくり）、ええやある（よさそうな）ところを沢山《えっと》持って帰《い》んなはれよ（帰りなさいよ）」といったというのである。

一般の人の感覚からすれば、お人好しもいいかげんにしろ、ということになるのであろう

◉日本のさまざまな土地で見られる山柿の風景。

が、これを源左の論理に置き換えるならば、一本の柿の木はたまたま自分の家にあるだけの話で、その木になる柿の実の恵みはひとしくこの世にある、生きとし生けるもののためにある。人も食べればカラスも食べる。それは仏さまの恵みなのであって、自家だけが「俺のものだ」といって云い張るのは精根が間違っているということになるのであろう。日本人の自然観を支える根底の部分ともつながっている。

源左の家の柿の木は俗に「奥谷柿《おくだんがき》」と呼ばれた。「谷」は「タニ」であるが、山陰地方では「タン」となまる例を散見する。沖縄は「タン」である（例、「読谷」）。黒潮の北上、そしてその分流としての対馬海流が玄界灘を通って石見、出雲、伯耆、因幡と能登半島めざして北上する。人もまたその昔、この流れに沿って住みついた名残りであろうか。奥谷という地名は青谷町内にある。そこから苗木を移し植えたものであろう。

この柿の木には、別なるいのちが育ってもいる。

青谷からほど近いところ、鳥取県東伯郡湯梨浜《ゆりはま》町宇野。文化財として知られる尾崎庭園があるが、その屋敷内に育つ一本の柿はかつて源左がやってきて、手ずから植えたものだという。源左の家の柿の分身なのである。

土地の素封家として知られた尾崎益三氏（故人）が、源左への思い出として「庫裏《くり》の横にある、あの大きな奥谷柿は、昔、源左が植えてくれたもので、年々実って源左のことを想い出させます」と語っている（昭和二四年当時）。

京都、一燈園の西田天香《にしだてんこう》（一八七二―一九六八）は思想的にも影響力を残した人物であり、大正十年（一九二一）、出版された『懺悔《ざんげ》の生活』は当時、超ベストセラーとして一世を風靡した。天香は各地で講話をして歩いた。

大正十一、二年頃というから天香の名が天下に鳴り響いていた頃である。鳥取県八頭《やず》郡智頭《ちず》町、光専寺で天香を招いての講話が催された。

源左もこれを聞こうと青谷からでかけたが、出かける前に病人がでて、折あしく一汽車遅れて到着。講話は終っており、やむなく源左は天香が休んでいるという地元有力者安東哲次郎（故人）の御宅にうかがう。

天香にあいさつし、「さぞお疲れでしょう」といって、源左は天香の肩を揉《も》み始める。

源左はいう。

「先生様、今日はどんなお話をなさったか。かいつまんで話してつかんせえなあ（話して下さいませ）」

肩より伝わる心地よさにまかせつつ天香は答える。

「今日わしがお話したことは、ならぬ堪忍するが堪忍ということでねえ、堪忍ならぬ所から先を堪忍するのでなければ、堪忍したことではない。皆堪忍して暮そうということをお話しましたよ」

　これを聞いて源左。

「ありがとうござんす、おらにゃ、堪忍して下さるお方があるで、する堪忍がないだがやあ(ないのですが)」――と。

　こんどは天香がびっくりして、

「わしが肩をもんで貰うような爺ではない」

といって断ったという。

　これはかなり流布されている有名な話であるが、この話を源左その人から生前、よく聞かされたのが先の田中寒楼であった。

木は必ず応えてくれる

十年ほど前、私は源左の村を訪ねた。ＪＲ山陰本線青谷駅前からタクシーに乗ってのかけ足の旅であった。集落内で車を降り、源左の生家を聞くとすぐに分った。入りくんだ道、集落の外から眺めるのと違って、村の中の家々は意外に窮屈そうに並んでいる。少しほの暗く、湿っぽい。そして空気はひんやりとしてよどんでいる。これが昔からの農村の雰囲気なのである。時計の針が止まったような、そして、懐かしいけれども、なぜかちょっと恐ろしいような気もしてくる雰囲気である。農村といえば田園。田園と聞けば即、楽園というイメージは農村の暮らしを殆ど知らない都市人が、自分向きに勝手に作りあげ、肥大化させた観念の産物であろう。

源左の生家はすぐに分かった。願正寺の裏手に当たる。過去、火災に遭ったことはあるが、家の間取りはほぼ昔のままと聞いている、そして、その白壁の土蔵が、隣接してどっしりと構えている。確か、その間のわずかの空間にあったはず、と思って目をやる。

「あった」

やはりあった。あの一本の柿の木の古木である。柿の木は性質上、それほど大木にはならない。それでも幹周一メートルはあろうか。樹高七―八メートル。推定樹齢一五〇年前後であろうか。仮に、源左、生誕の記念樹とみれば平成十八年の現在、樹齢は一六四年にもなってしまう。地元の人はせいぜい一五〇年くらいではないかという。天然記念物等の指定はされていない。ひょうひょうとしていかにも枯淡の面持ちを感じさせる平凡な柿の古木であった。

源左の話を知らなければたぶん誰も注意を向けることはないであろう。

ある意味で、まさにこういうところが、木を見るについての落とし穴でもあるわけだ。木は一切、語らずだ。だからこそ、人が語ってやらねばならない。だがその人は、その木の物語を知らずしては語り得ぬという、その矛盾点に立っている。しかし、木について語ることができ、そういう物語のうえに立って改めて木を見あげ、木を見つめるとき、実は木は人間に向かっていかに多くのことを語ってくれることか。自然のこと。歴史のこと。村人の喜びや悲しみや苦しみのこと。そして、心の中の、他人には言えぬ、本当の嘆き、迷い、救いなどのことを、木が人の世に成り代ってさまざまに、しかも、静かに、ゆっくりと語ってくれる。

人間と木との関わりとは、心の次元で言えばこのような関係にある。

全国に「妙好人」が現れる

源左だけではない。一般に、妙好人を生んだ精神的風土とは何か。

これは大きな課題である。

難解な宗教上の教義など、私にはまったく分らぬが、一般論として私たち日本人は最後の心のよりどころをどこに求め、どう構築したらよいのか。殊に平成の昨今、各人の真の自立が求められる一方、各個人を巡る生活環境では、勝ち組、負け組、上流、中流、下流社会、二極分化、格差社会などと呼ばれる厳しい現実が容赦なく吹き荒れている。

いったい、最後はどうするのか。

絶体絶命の境地を、各人がどのような形で悟りの境地へと入っていくのか。究極のところ、そこにかかってくるように思う。即ち、瞬時、一転しての別世界を開くことができるか否かにある。日本人にとっての真の超越、超克の問題である。月並みだが、自力、他力の別の話になる。自力宗の禅は、只管打坐《しかんたざ》を以って、自己を徹底的に追い詰め、心の不純物を捨て去る。不立《ふりゅう》文字、以心伝心。最後に体ごと悟る。「公案」はその判定カード。「喝《かつ》」は「絶対無」への入口か。

これに対し、「他力本願」に立つのが浄土系の基本立地であろう。親鸞（一一七三―一二六二）の『教行信証』「正信偈」にある。

一切善悪凡夫人　聞信如来弘誓願
仏言広大勝解者　是人名分陀利華

ほとけの誓い信ずれば
いとおろかなるものとても
すぐれし人とほめたまい
白蓮華とぞたたえます

この心的世界なのである。

殊に、浄土真宗における、教義の極意を伝える「聴聞」が果たした役割は大きく、蓮如《れんにょ》（一四一五—九九）が出ることによって教化活動は活発、行動化し、結果、門徒たちは時の権力者との間に激しい抗争を生んだ。しかし、彼等は信仰を貫いた。それが、信仰を支えたのはお寺の坊様の説教、家庭での葬式、法律など仏事に際してのありがたい法話であったのだ。それは信者にとって生きながら救済されているという実感であり、信仰の深化となった。苦しい労働が続くなかで、坊様のお話を聞くことは、婦人にとってはひとときの安らぎの時間となった。伊勢参宮と同じ論理で、「法話を聴く」というのに「行くな」といって外出を止めることは、それこそ罰当たりなのであった。

こうした独特の信仰風土が、徳川幕府体制の締めつけをバネとして、江戸後期に至り、ついに「妙好人」と呼ばれる一群の篤信者を全国各地に生んだとみてよい。結果的には権力、体制にさからわず、すべて従順。だから物議を起こさぬ枠内での心の救済であった点は否めないし、いかにも日本人の体質にかなった心の解決策ではある。しかし、人間の心とはかくも美しい境地に花を咲かせるものができるか。そういう稀有なる人物を生んだことも事実なのである。

◉源左自筆による「南無阿弥陀仏」
『妙好人因幡の源左』（百華苑）より

願正寺境内に、天然石の「源左同行之碑」が建てられている。源左三回忌に当たる昭和八年（一九三三）三月に建立された。

撰文は鳥取県八頭郡若桜《わかさ》町、正栄寺住職高野須泰然師。源左の生没、人となり、生涯の事績に触れたあと、最後をこう結ぶ。

於戯《ああ》　源左　是《これ》妙好人

5章

小説家、有島武郎の最後を知っていた木

◉「有島武郎・傷心のイラスト」(1991年1月某日の地元新聞より)

1923年、死を迎える前、鳥取に滞在中に描いた葉をつけないケヤキ。

ひと昔、前にさかのぼる。平成三年(一九九一)一月某日付、鳥取県の地元新聞紙面に、みるからに寂しそうな一枚の木のスケッチが載っていた。その脇に「有島武郎・傷心のイラスト」と、こちらの方は大きな見出しである。

有島武郎といえば、作家としての名声もさることながら、それ以上にスキャンダラスな死によって記憶されているといった方が早いかもしれない。軽井沢の別荘浄月庵で、人妻で婦人公論記者であった波多野秋子と縊死して、社会に異常な衝撃を与えたのは大正十二年(一九二三)七月のことだ。実際は六月九日未明、情死したのだが、有島の行方が分からず遺体が発見されたのは約一か月経った七月七日であった。翌七月八日付朝日新聞は「軽井沢の別荘で有島武郎氏心中・愛人たる若い女性と」「新橋駅から母堂へ暇乞状を」「枕頭に遺書。生馬、弴《とん》の両氏語る」と、センセーショナルに報じた。リードの文章も「現代文壇の一明星たる小説家有島武郎氏は過日来其の愛人たる若き女性と共に軽井沢の別荘に人目を避けて滞在中であったが、七日払暁両人が別荘階下の応接室で卓子の上に椅子を積重ねて縊死していたのを別荘番が発見し直ちに軽井沢署に届出でるとともに麹町下三番町九の有島邸に急し」云々といった調子だ。

書斎には辞世らしき歌十首が残されていた。その一つ。

世の常のわが恋ならばかくばかり
おぞましき火に身はや焼くべき

単なる男女の情死ではなく、有島の思想、創作上の行き詰まりであり、恋愛とモラルとの煩悶でもあり、かつその総決算と誰の目にも映った。いまから八〇年以上も昔のことだ。世間の目も意識も、現代とはかなり違う。

ところで、この有島の最後と、冒頭の新聞に載ったイラストと何の関係があるのか。一つはイラストを描いたタイミング。二つ目は彼と鳥取との人脈が底流にある。

有島武郎(一八七八―一九二三)は、実はこれより先、鳥取出身の二人の人物の働きかけにより、鳥取と米子を訪れ、文化講演をしている。それが大正十二年四月のこと。そして帰京するや、軽井沢での死までは約四〇日しかない。先のイラストはどうも鳥取滞在中に有島が描いたものに間違いないらしい。いわばイラストには死を前に、傷心しきった彼の心中がぎっしりと詰まっていることになるのだ。

誕生、家族、友、信仰、旅…

有島の誕生は明治十一年（一八七八）。父・有島武《たけし》、母・幸《さち》（のち幸《ゆき》）の長男として東京・小石川区水道町五二番地、現・文京区水道一丁目に生まれた。のち、妹二人、弟四人が生まれた。父母ともに三度目の結婚。次男は洋画家・小説家の壬生馬《みぶま》（のちの生馬《いくま》）。四男は母方、山内家を継ぐ。名は英夫。小説家里見弴。

北海道に関係するので父武について触れておく。薩摩藩士の出身。大蔵省に勤務するも国債局長の時、大蔵大臣の渡辺国武と衝突、辞任（明治二六年）。鎌倉に退居、のち日本郵船監査役、日本鉄道専務を兼務、明治二二年（一八九五）、北海道狩太村に農場用地を取得、開墾事業に着手、翌年から入殖開始。母は南部藩江戸留守居役、山内氏の出で、武との結婚は明治十年（一八七七）である。

武郎は父母の寵愛を受けつつも儒教的教育を受け、文明開化を先取しようと横浜に住む。英語優先を選び初等教育はミッション・スクールに通う。小学校四年からは両親のもとを離れて学習院に通い寄宿舎生活。皇太子（大正天皇）の学友に選ばれたこともある。温厚で品位があって、文学書を読み、絵も得意であった。

明治二九年七月、学習院中等科卒業、九月、札幌農学校予科五年に編入。寄寓先が母方の親戚であった新渡戸稲造方である。

やがて同級の森本厚吉と出会うのだが、人生上の苦悩を語り合ううち、定山渓温泉で自殺を企てる。そして、これを機に神を求める自分を発見、札幌独立教会に入会する。明治三六年(一九〇三)、森本と米国留学へ向けて横浜を出港、ペンシルヴァニア州ハヴァフォード・カレッジ大学院に入学。この翌年に日露戦争が勃発する。彼は神と悪魔、霊と肉といったキリスト教的二元論に信仰上の動揺をきたす。エマソン、ホイットマン、イプセン、ツルゲーネフ等に触れるや、二元論を超えた自由を渇望するようになる。社会主義者、金子喜一と交友、クロポトキンの無政府主義へ親近感を持つ。明治三九年(一九〇六)、アメリカを発ち、ナポリで壬生馬に会い、欧州を旅行、翌年はロンドンへ。そしてクロポトキンを訪ねて、四月、神戸港に帰着。武者小路実篤、志賀直哉を知る(雑誌『白樺』創刊は明治四三年)。

明治四一年、札幌農科大学英語教師として札幌に赴任。翌年、神尾安子と平凡な見合結婚をした。武郎三二歳。安子は十一歳年下。二人の間には翌年より行光、敏行、行三と続けて三男をもうけたが、大正三年(一九一四)、安子、肺結核を発病。鎌倉へ転地、次いで平塚の病院へ入院させ、彼も大学に辞表を出して東京に戻った。しかし、大正五年、安子は死去。享年二八歳であった。同じ年の暮、父の武は胃がんで死ぬ。

三八歳の武郎は苦しい反面、抑圧感から解放された。だがこれから先どう生きて行くのか。彼が決めたのは作家として立つことであった。

『死と其の前後』『カインの末裔』『クララの出家』『迷路』と旺盛に活動するがスランプに陥る。そこへ大正六年(一九一七)のロシア革命だ。これが彼の心をとらえる。親の財産に寄食する自分にうしろめたさと罪悪感をいだく。

大正十一年(一九二二)、即ち、死の前年に当たるが、彼は『宣言一つ』を『改造』に発表(一月)。七月、北海道狩太農場に赴き、農場解放を宣言する。十月、個人雑誌『泉』(叢文閣《そうぶんかく》)を創刊、戯曲『ドモ又の死』を発表する。けれど虚無的心境を克服することはできなかった。

この翌年が先の波多野秋子との情死である。妻安子、父武の死からも七年。四五年の生涯であった。

「狩太農場の解放」(『小樽新聞』大正十二年五月二〇、二一日)、「両階級の関係に対する私の考」(『中央公論』夏季増刊号、大正十二年六月)、「生活信條としての愛」(『令嬢画報』婦女世界臨時増刊、大正十二年。掲載は死後の十一月)などは、彼の死の前後に掲載されたもので、いま考えるとまことに興味深い。

さびしき我を見いでけるかも

有島はなぜ鳥取に足を運ぶことになったのか。ここで橋浦泰雄なる人物に登場して貰うこととする。

橋浦泰雄(一八八八―一九七九)は明治二一年、鳥取県岩美郡岩美町岩本(当時は岩井郡大岩村岩本)、父の橋浦雄次郎、母ふじの十人兄弟中、六番目として誕生。橋浦家は素封家として知られた。地元では橋浦兄弟の名で今も語り継がれる、独創的な生き方をした兄弟であった。

泰雄について述べる。明治三一年(一八九八)、岩井高等小学校入学。同級生に松岡駒吉(元衆議院議長)がいる。旧制中学入試に失敗。「平民新聞」を読む。『富士に立つ影』などの大衆文学作家だった白井喬二を知り、明治四五年に上京する。クリスチャンであった弟の季雄と救世軍山室軍平の講話「一粒の麦」を聞く(大正四年)。泰雄は自己犠牲と博愛に生きる人生態度に感動するも、反面、人間、誰しも自己を犠牲にする権利はないのではないか。愛は他人に分ち与えるものではなく、むしろ思い上がりではないか、と兄弟で話し合ったという。季雄はクリスチャンであり、かねて有島を知っていたから、このことを有島に話したところ、興味を持った有島が泰雄を自邸に招いた。大正五年(一九一六)四月のことだ。有島はこのとき「どうもありがとう。キリスト教では〝愛〟は与えるものだと解しているので」と答えたという。『惜しみなく愛は奪ふ』は大正九年の発表だが、橋浦の示唆を読み取ることができる。橋浦と有島の交流が始まった年は同時に、有島が妻と父の死に直面した年でもある。橋浦は、有島の著作を次々と刊行した叢文閣創始の足助素一《あすけそいち》や藤森成吉らとも交遊あり。大正八年

（一九一九）からは叢文閣の編集にも携わる。

橋浦は大正十年（一九二一）、第二回メーデーに参加、涌島義博（一八九七―一九六〇）と一緒に検挙、拘留される。第三回メーデーでも検挙されたが、すぐに釈放された。

涌島は明治三〇年、鳥取市二階町に涌島市郎の長男として生まれる。家は商家。鳥取中学（当時）に入学、父の意向で鳥取商業に転校。しかし本人にその気なく、卒業するや上海の東亜同文書院へ入学、中退、帰国。東京外語夜間部でロシア語を学ぶ。やがて長与善郎、有島武郎、里見弴などに厚遇され、足助の叢文閣に入ったのが大正九年（一九二〇）だ。ここで同郷の橋浦との出会いとなる。涌島は大杉栄、堺利彦らの日本社会主義同盟に参加、先のとおりメーデーでの検挙、拘留にあう。出所後は橋浦らと雑誌『壊人』を発行したりしたが間もなく郷里鳥取へ帰り、村上吉蔵らと同人誌『水脈《すいみゃく》』（明治四五年『水脈《みお》』が出されたが中断。その復活の意味）を発刊。地方文化活動に取り組む。「山陰自由大学講座」を開設することとし、大正十二年（一九二三）、その第一回、目玉として講師に招いたのが有島武郎、秋田雨雀（一八八三―一九六二）、橋浦泰雄であった。

涌島のその後は、再度の上京、南宋書院を起こし、社会主義文献普及等に力を注ぐが、昭和七年（一九三二）、鳥取へ帰り、鳥取新報に身を寄せるとストライキを指導して解雇、戦後は奔放な筆陣を張って地方の文化活動に存在感を示したが、やがて時代の雰囲気も変わり、晩年は静かな文筆生活を送った。昭和三五年、死去。六三歳。

これで有島の鳥取行きの全貌が明らかとなった。

講師三人が東京駅を出発したのは前記大正十二年四月二〇何日か。四月二九日には有島は鳥取市遷喬《せんきょう》小学校講堂で演壇に立っている。橋浦は晩年、自著『五塵録《ごじんろく》』(一九八二年、創樹社)を残しているが、このなかで有島を駅頭に見送りにきた波多野秋子の姿を認めている。二人の不倫は周囲ではすでにうすうす感づかれていたらしい。

ところで、有島の当日の演題は

「一人行く者」

彼はホイットマンの詩を誦し、かつ、人間がその存在の中で求めるあらゆる手段の中で、死のみがかろうじてなお飽き足りぬ恋人の情熱をほうふつさせるのだ、といった内容だったらしい(香川景樹研究の山本嘉将氏記述)。また、農場解放の挫折についても触れたという。講演を終って次の予定地は米子であった。これに涌島が同行する。米子へ向かう列車の中での有島はひとりで「おれは川原の枯れすすき」などを口ずさんで落ち着かぬ様子だったという(後年、山本が涌島から聞いた話)。

鳥取での有島は、地元文芸グループ『水脈《すいみゃく》』同人の案内で鳥取砂丘に遊んだ。

鳥取砂丘は東西十五キロ、南北幅最大二キロ余、高さは四〇メートルに達する砂丘列を持つ。福部、浜坂、湖山の三砂丘を総称して鳥取砂丘と呼び、古くは鳥取郊外にある浜坂砂丘をもって一般に砂丘と呼び、志賀直哉、里見弴らが遊んだ（大正三年）のもこの砂丘である。

浜坂の遠き砂丘のなかにして
さびしき我を見いでけるかも

砂丘での有島はこんな歌を詠んだ。歌の最後は「見いでつるかも」とするのと両説あるが、次に述べる有島歌碑揮ごうは「けるかも」で、いまはこれに定着している。

右の一首は戦後になって、鳥取砂丘が国の天然記念物指定になったことなどを記念して、岡益の石堂《いしんどう》研究の川上貞夫氏（一八九七—一九七七）らが発起、書家で有島の妹、山本愛子（当時、七九歳）に歌の揮ごうを依頼。高さ二・四メートル、幅一・一メートルの自然石にこれを刻み、昭和三四年（一九五九）四月、鳥取砂丘内、旧砲台の位置に歌碑として建立され、現在、名所の一つとなっている。ついでながら鳥取砂丘が全国的に有名になったきっかけは、この有島の歌によってであり、それまでは鳥取砂丘とは呼ばず、砂浜、沙丘、砂漠などと表現された。いずれにしても有島が砂丘に遊んだのは八三年の昔になる（平成十八年現在）。

先述のとおり、これから一か月余で有島は人生を精算してしまった。歌をよめば明らかなとおり、彼はすでに精神的にかなり追い詰められ、逃げ場を失っている。その心情が歌に吐露され、自ら死の影にゆらめいていることが分かる。彼が残した一本のケヤキのスケッチであるが、彼のこうした心境の投影であることは疑う余地はあるまい。人間の心理が木の姿に微妙に影を投げかけることはすでに証明されている。「樹木画」はそういう判定法に用いられるし、「バウムテスト」という心理療法もある。先程のスケッチであるが、有島が鳥取滞在中のあるとき、急に思いたってペンを走らせたものとみてよいのではあるまいか。

心模様を映す木の描写

新聞記事に戻ろう。

記事の要点は、有島が情死を遂げるわずか四〇日前に有島自身が描いたもので、そこには傷心しきった彼の心情が如実に表われている、というものである。

そのとおりで、スケッチは、縦二四センチ、横一六・五センチの紙にペンで描かれている。木の種類はケヤキとされる。用紙の右下方に有島のイニシアルを組み合わせたサインと、「１９２３」の年号が入っている。一目して有島当人の作であると判る、としている。

描かれている木は巨木ではない。樹齢数十年ではあるまいか、という。素人の私から見てもそんな印象を受ける。

ただ異様に見えるのは、画面にただ一本だけ、それも作品としてではなく、心の憂さを晴らさんと、衝動的にペンをとったらしい様子がありありと感じられることだ。しかも、この木には梢がない。枝先であるが先端はすべて切れてしまっている。それに葉もついていない。真冬のケヤキは裸であるから葉がなくて当然であるが、時期は四月も終わりである。新緑手前の季節だ。絵全体を見るかぎり、いかにも寂しそうで、荒涼としている。心の救いをどこかに求めようとして一人もがく、有島武郎その人の告白と解読できる。

記事によればスケッチの所持者は県内在住のT氏で、昭和二〇年（一九四五）、終戦の頃、ある人から譲り受けたという。

人間心理の奥深い部分は人間よりはむしろ自然、わけても木に投影されている。そこに日本人の木への関わりへの特質が見てとれよう。有島のこのスケッチはこのことを十分に裏づけるものと言える。

有島は絵が好きであったことは先程ちらりと触れた。彼の心理も含めて、この辺をもう少し眺めてみよう。

まず、有島の情死であるが、世上のスキャンダルは別として病跡学的見地からみるとどうか。精神科医春原千秋氏によれば、有島は、父武の恐るべき情熱・躁性と、これと表裏をなす途方もない「ふさぎの虫」、うつ性を受け継いでいるとみる。不幸なことは父の躁性よりはうつ性の方をより強く受け継いだ。即ち、うつ型躁うつ気質の持主で、病跡的には彼は生涯少なくとも三回の大きなうつ期を経験した。第一回アメリカ留学時のものは心因性のものではないか。『或る女』執筆直後に襲ってくる、「晩年のうつは疑いもなく内因性のうつ病の要素が強いと思われる」としている。『或る女』の主人公葉子のモデルは国木田独歩の夫人、佐々城信子。彼女は有島の同級生でアメリカにいる森広と婚約。船でアメリカへ渡るが船中で武井勘三郎（事務長）と愛し合い、シアトルまで出迎えた森を裏切って上陸を拒絶、そのまま同じ船で日本へ戻った。

有島の苦悶は思想上の行き詰まりに本体があるのではなく、うつ状態に襲われて書けなくなったために、創作、思想的悩みが大きくなってしまったとみる（春原氏著『創造と表現の病理』）。また、長谷川泉編『病跡からみた作家の軌跡』によれば、『カインの末裔』『或る女』などの傑作が生まれたのは、うつ期からの回復期であったからで、次のうつが襲ってきたとき、自殺が彼を待つばかりである。波多野秋子との不倫があろうとなかろうと、いずれ有島の自殺は避けがたいものであったと思われる、との解釈である。ちなみに祖母の静子は御嶽教の信者、母の幸は往々、卒倒して感覚を失うこともあったという。

有島に宿命の血が流れているのか。創作童話『一房の葡萄《ぶどう》』の書き出しは「僕は小さい時に絵を描《か》くことが好きでした。」とある。

大正十二年二月十三日から十六日まで、彼は「人の本性に就て」と題し、読売新聞に寄稿した。そのなかで、次のような一文が目に止まる。

> 私は子供の本性を尊びます。
>
> 子供が、この世の中に生まれてきた時は、既にその成長の後に現れる色々な特性を持っている筈であります。
>
> その生得の本性は、丁度樹木の芽のように、年月を重ぬるにつれて、段々と大きくなってゆくもので、もしもそれに他人が干渉を加えるならば、撓《たわ》められた樹木の芽が不自然な形となって了うように、その子供は充分にその天性を伸ばすことが出来ません。
>
> （以上、「新かな」に直す。ルビ点、筆者）

*追記　橋浦泰雄はのち柳田国男に師事、捕鯨研究を始め、主として民俗学の分野で功績をおさめた。交流は実に広く、暗殺された山本宣治の死に顔をスケッチしたことでも知られる。昭和五四年死去。九〇歳。なお、橋浦氏記述については主に鶴見太郎氏の『橋浦泰雄伝』（晶文社）を参考とさせていただいた。最晩年の橋浦氏は川上貞夫先生宅で一度、お見かけしたことがある。川上貞夫、山本嘉将両先生はいずれも生前、私がご親交いただいた方である。

6章

極楽浄土へ導く善光寺の回向柱《えこうばしら》

◉インドのスツーパに由来するとされる回向柱が立つ善光寺境内。

【材質】伝統的にはアカマツ。平成15年の御開帳時には杉が用いられた。
【形状】高さ10m、45cm角
【撮影】2001年、牧野
【所在】長野県長野市元善町、善光寺

回向柱というのは信州、善光寺本堂前にある白木の大きな角柱を指す。善光寺は日本人にとって庶民の心を集める聖地である。「牛に引かれて善光寺詣り」の話は、その意味ではよく知られた霊験譚である。

信州小諸に因果な老婆がいた。四月八日の観音様のお祭り日、布を干してはいけないとされるその日に、老婆は布を干していた。そこへ現れた一頭の牛が突然、布を角《つの》に引っかけたまま走りだした。驚いた老婆は牛のあとを必死になって追うも追いつけない。走りに走って、気がつけばそこは十五里(約六〇キロ)も離れた善光寺であった。

でも布は見つからない。夜が明けて老婆は家へ戻ろうとするが、小諸の観音堂前までくると、眠気に襲われてどうにもならなくなった。そのままぐっすり眠り込んでしまった。するとその夜、観音様が夢に現れ「牛とのみ思ひはなちそ　この道に　なれを導くおのがこころを」と歌われて消えたのである。はっと目覚めた老婆が見廻わすと、観音様の首に、探していた布が引っかかっているではないか。「さては昨日の牛は観音様のお導びきの姿であったか」と老婆は悟って、深く観音様を信じるようになった、という話である。

長野県小諸市大久保、布引山釈尊寺観音堂に伝わる話だ。離れて眺めると白布を引いたように見える布引岩があって、山中に「善光寺穴」と呼ばれる穴があり、善光寺に通じているとされる。

火山列島の我国では奇岩怪石は珍しくないから、こうした宗教的想像力をかき立てるのであろう。牛はインドでは、もちろん聖なる動物。羽黒、富士吉田、青梅の御嶽山などには全国からの信者を宿泊、案内を業とする御師《おし》(伊勢はオシン)がいるから、この話は「御師」が訛って「牛」になったと解されている。

定額山善光寺(長野市元善町四九一)は単立寺院。大勧進(天台宗の僧寺)と大本願(浄土宗の尼寺)によって管理。所属三七か寺。宗派に関係なく善男善女に開放されて熱い信仰を集めてきた。本尊は絶対秘仏。一光三尊、一つの舟形後光の中に阿弥陀如来、観音・勢至両菩薩があり、きわめて古い形式であろうとされる。絶対秘仏であるから、これに替わる仏として、一光三尊形式の「善光寺如来・前立本尊」が本堂内に安置されている。

善光寺の成立は『善光寺縁起』によると、推古天皇十年(六〇二)、信濃国伊奈《いな》郡麻績《おみ》(長野県飯田市座光寺)の本田善光《よしみつ》(一説に若麻積東人《わかおみのあずもうど》)が難波《なにわ》の水中から光を放っている三尊仏を発見し、故郷に持ち帰って安置し、皇極天皇元年(六四二)、勅願により現在地に遷座、白雉五年(六五四)、完成した諸堂が善光寺の起りとされる。百済の聖明王が経論等と一緒に伝えたわが国最初の仏像こそ、これであるともいわれる。欽明天皇十三年(五五二)、中臣、物部両氏と蘇我氏との間で仏教受容を巡る政治抗争が起り、仏像は難波の堀江に投げ込まれたとされる。

研究者によると善光寺草創を決める史料はないが境内地からは白鳳瓦が出土。奈良時代以前に伽藍があったことは確実視されている。

哀切、親子地蔵の物語

善光寺へ詣でる善男善女たちの心について。説教節『刈萱《かるかや》』が伝える刈萱、石童丸《いしどうまる》の哀話がそれである。話の筋はこうだ。

筑前刈萱の庄、松浦党の総領、加藤左衛門重氏(繁氏)は、ある日花見の宴で散る花に無常を感じて発心する。七月半ばの緑児《みどりご》を胎内に宿す妻と娘を残し都へのぼり、黒谷の法然上人により剃髪を受け、刈萱道心となって仏門に入る。以来十三年、古里に残し置いた妻が、まだ見ぬわが子を伴いたずねくるのを夢にみて、女人禁制の高野へ身を隠す。そうとは知らず、母と子は京をたずねてみれば高野と聞き、重い足をひきずりながら高野山をたずねる。しかし、女人禁制のため、母は麓の宿に引き止められ、石童丸ひとりが父を求めて高野山に入る。

石童丸は六日目にやっと父に巡り合うのだが、道心は仏道のさまたげになると、心を鬼にして「そなたの父は去年の今日、亡くなったのだ」といつわり、石童丸を返す。その頃、宿で石童丸の帰りを待ちわびていた母が死ぬ。野辺の送りをすました石童丸が古里に戻ってみ

◉刈萱道心と石童丸の物語で知られる親子像（長野市、西光寺）。

れば、姉の千代鶴もまた、母、弟の帰るのをわびつつこの世を去っていた。

ついに天涯孤独となった石童丸は高野へ戻り、刈萱に母、娘の死を告げるが、道心は父とは名乗らず、石童丸を出家させ「道念坊」と名づけ、修業を続ける。やがて、父はひとり高野をあとにし、善光寺奥の御堂で八三歳の大往生を遂げたのであった。ところが不思議にも、高野山にとどまったあの道念坊も、父、道心と同日同刻に往生を遂げ、父子そろって善光寺親子地蔵として、善光寺境内に祭られることになったのだという。

物語は、善光寺と違って女人禁制であった高野の萱堂聖伝承に素材があるわけであるが、日本人の往生観にみるこの深層は単純にはいかない。同じ説教節の『小栗判官』『信徳丸』『信太妻』『山椒太夫』の深層意識にも重層してくる。善光寺へは法然の参詣説もあるが、親鸞と一遍が参詣したことは史実とされる。

善男善女はかくて善光寺如来と印文を結べば極楽往生、疑いなしと考えたのである。

長野市北石堂町、苅萱山西光寺境内には台石一・一メートル四方、高さ四・四メートルの石造九重塔がある。九重塔は石堂丸の墓、三基のうち右にある。中央が五重の石塔で苅萱の墓、左の三重の石塔は母、千里《ちさと》の前の墓と伝えられ、一般に「かるかや塚」の名で呼ばれている。江戸期（寛文四年と推定）近村の人たちによって建立されたものと言われる。物語はかくて民衆の心の中に沈殿している。善光寺参詣の折には私は必ずこの「かるかや塚」にお参りさせて貰っている。

極楽浄土へ導く供養塔

善光寺であるが、私もいくどかお参りさせていただいている。殊に七年目ごとの御開帳には前立本尊像が信徒たちの前に御姿を現す。

仁王門から仲見世通りを経て山門へ。この間約四〇〇メートル。山門は寛延三年(一七五〇)、完成した高さ二〇メートル、二層の入母屋造りで国の重要文化財だ。正面は本堂で宝永四年(一七〇七)完成、檜皮ぶき。国宝である。桁行《けたゆき》約五四メートル、梁行《はりゆき》約二四メートル、高さ約二七メートル、面積約一五五〇平方メートル、わが国、屈指の木造建造物である。

ある年のお参りのときだった。本堂前の広い境内に、目にも鮮やかに周辺を圧倒して立っている一本の白い巨柱に私の目は釘づけになった。過去にもこの柱の立ち姿は見たにちがいない。けれど若い時分はたぶん別のところへ興味が行っていたのだ。

何とはなし、この柱がかもし出す異様な雰囲気に私は驚いた。柱はみごとな角柱である。しかも、鉋《かんな》の削り痕がみずみずしいというよりは生々しいのだ。白い木肌は、見る者に汚れ一つない清らかな印象を与える。角柱の上部からは五色の糸がぴーんと張って、そのまま本堂の方へとのび、堂内の中へと消えている。その五色の糸のなんと美しく優雅なこと。もうそれだけで極楽浄土の雰囲気に包まれて行くかのようだ。

角柱は「回向柱《えこうばしら》」と呼ばれる。

回向柱とは、善光寺事務局文教課の説明によると、原型はインドのスツーパ Stupa（卒塔婆）だという。仏舎利奉安、伽藍の荘厳、墓標、供養等に用いられる。要するに塔を表わしている。善光寺では善光寺如来の仏徳を象徴するとともに、如来の功徳をめぐらして衆生を極楽浄土へ導く（即ち、回向）供養塔なのである。

そして、あの五色の糸によって、前立本尊と結ばれているのだ。信者は柱体に触れることで、如来と結縁されるのである。心的装置として考えればなんと巧みな、御仏の尊きはからいの具現であろう。

さらに、善光寺事務局史料によると、柱の材であるが、伝統的には赤松である。しかし、平成十五年、御開帳のときは適する赤松が長野市内になく、近隣、松代町の中村神社御神木の杉が用いられた。原木は目通り直径一メートルであった。巨樹である。

高さは一〇メートル（約三三尺）、寸法は四五センチ（約一尺半）角。そして、頂部は五輪塔の形である。即ち、上部より、空（宝珠）・風（半月）・火（三角）・水（円）・地（方）となる。

この角柱に、それこそ墨痕《ぼっこん》鮮やかに太く筆文字が躍る。平成十五年の御開帳の時であった。

◉善光寺本堂、正面（南）に立つ回向柱。
【撮影】田中勝夫

正面(南)にあるのは「梵字」である。その下に「奉開龕前立本尊」とある。

北面は「維時　平成十五年四月六日　一山大衆敬白」

西面は「光明遍照　十方世界　念佛衆生　摂取不捨」

東面は「国家豊寧　萬姓快楽　佛日増輝　含霊普潤」

とある。

「梵字」はインドの造物神ブラフマン(梵天)の創造文字。インド個有の文字と考えられていたが歴史的には古代フェニキア文字の流れをくむといわれ、インドでは前四世紀ごろ使用されていたとか。中国では仏教伝来(南斉時代四七九―五〇二)と共に学ばれ、わが国へは飛鳥時代(五九二―七一〇)に伝来したとされる。

「梵字」の読み方であるが、

キャ・カ・ラ・バ・ア　キリーク　サ

サク

意味は

観音菩薩

空・風・火・水・地　阿弥陀如来

勢至菩薩

となる。

北面の日付は御開帳の執行年、期間に合わせて変わるのは当然である。しかし、他の三面は毎回変わらないという。

文言によって分かるとおり、仏の力によって十方世界をあまねく照らし、民衆が求める国家安泰、絶対平和、万民の幸福を約束する、との堅い宣言を意味している、といえよう。

残るは救済を求める熱烈な民衆の信仰心と、衆生を救わんと決意をかためておられる御仏との、いかにして心を一つにするかの結縁のみである。その結縁を実現するものが、「善の綱」と呼ばれる紐である。先程来、五色の糸と表現してきたが、本当は白布と五色の糸と金糸からなる紐であって、これを「善の綱」と呼んでいる。

では、この「善の綱」はどこが始点であり、どこが終点なのか。

信者からみれば、回向柱の上部から延びているから回向柱が始点と考えがちだが逆である。始点は前立本尊の右手親指に結びつけられており、これが信徒へと延びて、終点は回向柱に結びつけられているわけである。そうでなければ仏の功徳は民衆へ伝わらない。「善の綱」の長さは、広い本堂内を通っているため、回向柱との距離は約五〇メートルに及ぶ。

そして、御前立本尊は秘仏、阿弥陀如来と一体のものとして霊的につながっている。その向うには極楽浄土という壮大なる仏国土が広がっている。仏様は早くここへ来いと、民衆に呼びかけ、救いの手をさしのべてくださっているのだ。

一本の紐が、いましもそういう仏国土への誘《いざな》いを約束してくれているのである。

私がお参りしたときも、回向柱のまわりには参詣にきた全国からの信者が群れなしてひしめきあい、柱の下に設けられた大きな香炉に次から次と線香の束を焚《た》き上げていた。火のついた線香の煙はもうもうとくゆり、周囲十数メートルにわたってたちこめていた。紫がかった煙の中にたくさんの影がゆれ、回向柱も半分あたりから下は煙に包まれて見えない。善男善女たちが憑かれたようにして競って回向柱に手を触れる。触れることによって、先述したように、信者たちはあの御前立本尊との結縁を確かなものにしようと懸命になっているのである。

回向柱も成仏してゆく

本堂へと入る。

有名な瑠璃壇《るりだん》下「戒壇《かいだん》めぐり」である。多数の人が順番待ちで並び、少しずつ前へ進む。

私もそれに従う。地下へ降りると真っ暗だ。回廊を右まわり、手さぐりでそろりと人のあとに従って歩く。どこかに錠前があって、その錠前に自分の手が触れると必ず極楽浄土が約束されることになっている。実はせっかくお参りしたからには誰でもそうなるような仕掛けになっているわけであるが、そこは心掛け次第ということになっている。私もおかげさまにて人並みに錠前にさわることができ、ご利益にあずかることがかない、めでたく明るい地上に戻ることができた。錠前のあるところが即ち、「本尊」の真下である。従って錠前に触れるということは、即「本尊」の霊力に通じたことを意味する。戒壇巡りは黄泉《よみ》の国の彷徨を示唆するから、地上の光を仰ぐことができたのはまさに蘇《よみがえ》りであって、ここには死と再生の原理が装置されている。こんな理屈はむろん学者の話であって、庶民の願いはただひとつ極楽往生に尽きる。

善光寺へと全国から引きも切らず善男善女が参詣にくる心理はそこにあるだろう。

さて、本堂をあとに境内を左側へと進むと、念仏石がある。「念仏衆生　摂取不捨」とあり、その下に「南無阿弥陀仏」の文字が彫られた石車がある。みんな「南無阿弥陀仏」の念仏を唱えながらこの石車を手で回わす。かくて仏への結縁を人はさらに深めるのだ。

ここから先は人影は少ない。歩いていた私は、それまで吹いていた風がピタッとやんでしまったような、不思議な気分におち入った。ここに居ると先程の本堂のざわめきや熱気はまるで別世界のできごとのように感じられる。なんだかすべてが動かない。すべてが止ってしまっているのだ。

と、どこからともなく、ひんやりとして、気質の違った風が吹いてくるように思われた。裏山から吹き降ろす風であろうか。

そばに手頃の大きさの平たい石があったので、腰かけることにした。そして、周囲をぼんやりと眺めていた。

と、そのときであった。

二〇メートルほど離れた向こうの空地に何本もの巨柱がにょきにょきと立ち並んでいるのだ。あまりにも異様で黒っぽい光景にびっくりした。そもそもこの空地全体がいかにもほの暗い感触である。次の瞬間、黒っぽいと目に映った柱も、実はそれぞれに微妙な色合いの違いを持っていることが分かった。本当に黒っぽい柱もあれば比較的黄色く明るい色の柱もあり、白っぽい柱もある。濃淡さまざまなのである。それに一番手前にある柱はずいぶんと丈が高い。けれど、先へ行くに従って順次、たぶん数十センチくらいずつ短かくなって行く。その分、柱の下は地中に埋もれている。なかには地上、わずかに五〇センチくらいしか顔を出していない柱すらある。この柱はそう遠くないうちに、たぶんすっぽりと地中に隠れてしまうのではあるまいか。

私は急に背筋が寒くなるような感触を覚えた。ここはもしかして角柱たちの墓場ではないのか。柱に残る太い黒痕がなによりの証拠だ。その時、寺の関係者とおぼしき老齢の男性が所用あるらしく、急ぎ足で私の前を通りかかる。思わず声をかけてしまった。

「あの、これなんでしょうか?」

「回向柱ですよ。ほら、本堂の前に立ててあるでしょう。御開帳のたびに新しく立てますから、それまでの古い柱はこちらへ運んできて、地中に差し、あとは自然のままに朽ちさせて行くのです」

男の人は、こともなげにさらりといって、それだけいうと、ちらりと腕時計に目をやって足ばやに去っていった。

明らかに、ここは役目を終えた歴代「回向柱」たちの墓場であったのだ。

「昔は人の一生は五〇年としたものでしょう。それに見合って回向柱も、最後は土となってこの世から姿を消すのですよ」

別れぎわに、先の老齢の男性が言い残した言葉があらためて胸にこたえた。

私は古くなった回向柱の文字の痕跡を追ってみた。その時のメモがいまも残っている。

「昭和五四年四月八日」がいちばん新しく、次いで「昭和四八年」「昭和四二年」「昭和三六年」「昭和三〇年」である。六年間隔に柱を立てるから五本で三〇年間である。丈一〇メートルの柱は順に朽ちて最後は土と化す。つまり三〇年間で土に化すならば一年間に平均三〇センチ(約一尺)ずつ朽ちて、最後に消滅する勘定でもある。五〇年間に置き換えるなら年二〇センチずつの計算となる。

現在、この回向柱の墓場ともいえる現場はどうなっているのであろう。もっとも古い回向柱はすでに地中に埋もれ、かわって、きっと六年前の回向柱が新参として建てられていることであろう。回向柱もまたかくて秘仏との縁を結んで、成仏して行くのであろうか。

しかし、また別なる思いも私には湧いてくるのである。

回向柱も、人も、そして、仏をも、いっさい関係なく、すべての感傷を退けて、ゆっくりと巨柱そのものを呑み込んでしまう巨大な力が、この現世には厳然と存することを、私はまざまざと知らされた思いがしたからである。

それは何か。

時の力である。すべてを呑み込んで、素知らぬ風情でケロリとすまし顔でいる大地の力でもある。微小なる人間の力ではどうすることもできない。もし、その正体が知りたければ、すべてこの大宇宙の静かなる運行の一コマの本質を、人間の力で解するほかにあるまい。ほんの一瞬、私はこの現世《うつしよ》の正体を垣間みたのかも知れない。宇宙の深く、暗い裂け目を覗《のぞ》き見たのかもしれない。思わず、ぞっとして身震いしたことを、いまも時折、思い起こす。

7章

日本の祖霊と巨樹

【推定樹齢】300年
【目通り幹囲】約4m
【樹高】20m
【撮影】1988年、牧野
【所在】群馬県利根郡みなかみ町東峰

◉群馬県旧新治村の赤松。祖先の霊を顕す。

巨樹の民俗伝承の世界は広いが、中心軸にあるのは日本人の祖霊観であると思っている。祖霊観の範囲をどう設定するかで、描き出される心的風景も変わってくる。共同体的観念を軸にすれば村や地域にまで関わるであろうし、狭く考えると家の観念に繋がってくると思う。

私達の死後の世界についての観念は大きく二つある。誰もが素朴に感じていることであるが、死ねば生前の業因によって地獄へ堕ちるか、極楽往生を遂げるか。であるからこそ、人は仏への帰依を求めて「南無阿弥陀仏」を唱える。これは仏教思想の浸透がもたらした死後世界への観念である。しかし、みんなこうも感じ、信じている。人は死ぬと、可愛い子や孫から祀られ、死者もまた懐かしい古里を見下ろす丘や山や、大きな木に宿りながらじっと一族の幸せと繁栄を見守っていてくれると思う。そして、盆や正月には子や孫等の招きに応え、死者は暮らしていた家に戻ってきて、家族と一緒に生前のように食事を共にし、みなして笑い、語らい、それがすめばまた名残り惜しみつつあの世へ帰って行くのである。こうして死者はいつしか祖先の霊となって昇華する。その霊はやがて神となって村々、地域の永久なる幸福と安寧を見守ってくれる。みんなそう信じて生きている。この観念の根になっているのは仏教渡来以前からある日本人の霊魂観であり、祖霊信仰であろう。そして、この奥には日本人と巨樹との深い関わりが隠されていると思うのである。

柳田国男(一八七五―一九六二)が『先祖の話』を書いたのは終戦の年の昭和二〇年四月から、終戦を挟んでの同十月にかけてであった。彼の問題意識の背景には日本近代化に伴う農村から都市への若者の移動を単に社会現象以上の事であるとして受けとめた点が注意されねばならぬのであろうが、時局はさらに急展開する。このままでは家は崩壊し、民族は滅ぶとの強い危機感に見舞われる。そこをバネとして、実は、生者と死者とは共に相い交流し、心を通わす麗しいこの国の民の心を説くとともに、そのことが家の永続を促し、民族と国家の持続・繁栄を図る父祖たちの叡智でもあったことを示唆したのである。終戦を挟んでの執筆の意味は深い。

唐突なようだが、あるときふと目に止まった歌がある。あの吉川英治(一八九二―一九六二)が伊勢神宮参拝の時、詠んだという歌である。

「ここは心のふるさとか　そぞろ詣れば旅ごころ　うたた童にかへるかな」

伊勢の森に寄せる日本人の心の原郷意識は身近な古里の森に寄せる気持ちと通じあう。そして、その古里の森へ寄せる気持ちは子供の頃、遊び戯れた鎮守の森であり、その森に聳え立つ巨樹であったり、広い屋敷に王者の貫禄を見せる巨木であったりするのではあるまいか。人と木と森とが心のなかでは互いに繋がり合い、行き来し合っているのである。

「小池祭り」と赤松の存在

いま思い出しても、もっとも印象に残っているのは群馬県利根郡みなかみ町東峰《ひがしみね》で見た「小池祭り」の赤松である。ここは平成十七年十月、水上町との合併で、みなかみ町となったが、その前は新治村であった。この村の農業・本多家の一族が毎年十二月最初の「巳の日」の翌日・「午《うま》の日」の早暁、この赤松の巨木のもとに全員が勢揃いして、赤飯を食べ合い、初日の出を拝むのである。本多家にとってはこれが、その年の新嘗祭であり、同時に正月でもある(従って、正月行事はない)。赤松は一族にとっての祖先の霊を顕す。これを「小池祭り」と呼び、今の赤松は二代目。樹齢三〇〇年くらいであろうか。幹周約四メートル。樹高二〇メートルはありそうだ。

このあたりは三国街道(国道一七号)沿いで近くに猿ヶ京温泉がある。また鎌倉末期、延慶二年(一三〇九)建立の泰寧寺があるから、この時代からの開拓民により村が形成されたものと推察されている。旧東峰須川の集落八〇戸中、本多姓四二戸。同族である。時代とともに、分家を繰り返す。五―一〇軒位で同族の祭りを行なってきた。これを「マケ」「イッケ(一家)」と呼んだ。聞くところによると、かつては桜、杉、カヤなど、「マケ」により祀る木も違っていたらしい。いまは本多家だけがこの習俗を守り伝える。

私が現地を訪ねたのは昭和六三年十二月三日。祭りは旧暦十一月初午の日であったが今は新暦初午の日に決めている。この時は十二月五日早暁であった。

泉山という山が村の背後にあり、当時七三歳の本多憲作さん(平成十五年に九〇歳で死去)の家が総本家。そのホコラが麓にあり、赤松の巨木はそこに育つ。ホコラはもっとも神聖である。祭りの前日、一族は近くのカヤ場でカヤを刈り集め、そのカヤと稲藁で家ごとに臨時のホコラを作り、赤松を中心に五軒分が並ぶ。枠は栗の木。内部は二部屋。屋敷神、お稲荷さんを祀る。脇には真竹の小さなものを一本ずつ立て、しめ縄を張る。こうして準備が整い、ホコラには御酒と赤飯が供えられ、明りが灯される。都会に出ている若者もこの日だけは全員帰ってくる。各家ごと、赤飯を炊いて夜明けを待つ。朝四時頃には提灯の明り

◉一九八八年一二月五日の早暁、小池祭りが赤松の根もとで行われた。一族が集う。

を先頭に幼児も含め一族がぞくぞく赤松のもとに集まってくる。先祖様にお参りをし、お祈りをすますと、「お元気?」「また会えたね」「どうしているの」などと、みんなくったくがない、いきいきとした会話が弾む。二、三〇人もそろったところで直会《なおらい》である。各家で炊いた赤飯を互いに交換、みんなで食べ合うことで同族、血族意識の確認をするのだ。そして、生きる力を祖先から頂戴する。みんなの顔がかがり火に赤々と照らし出される。

やがて、一番鶏が鳴き、東の空がみかん色に染まる。初日の出である。それを全員が拝む。太陽が昇ったところで祭りは終わる。御前八時頃、来年の再会を誓って各自の家に帰る。

以上があらましである。今は同家、本多道長さん(五〇歳)が後を継ぎ「小池祭り」を取り仕切っている。昔と違って子供の数も少なくなり、集まる人数も二〇人くらいになったが、この伝統行事は貴重で、「東峰須川の小池祭り」として群馬県の無形民俗文化財として指定された(平成七年三月)。この祭りは、もとは「本多祭り」と言った。紋所も立葵だ。ところが、江戸時代、沼田城主は本多正永。元禄十六年(一七〇三)より享保十五年(一七三〇)まで二七年間、四万石の大名だった。「こともあろうに徳川家ゆかりの本多の名を名乗るとはもってのほか」というわけでご法度になった。近くに小池沼あり。その沼の名をとって、名字も小池、祭りも「小池祭り」に変更になった。しかし、やがて庶民台頭、幕政も緩んだ文化・文政期、やっと本多姓復帰が許されたが、祭りの方は惰性で「小池祭り」と称しているとのことである。

泉山は文字通り、稲作に欠かせぬ水を与えてくれる山として神聖であり、この村の開拓者はその水を司ることで村長《むらおさ》の地位を得たことであろう。ホコラが山の神でもあり、赤松の木もまた、山の神としての性格をもつ。これは同時に、本多一族にとっては祖霊でもあるのだ。そばに居てホコラ作りの作業を見守るうち、一族のホコラへの強い執着と神聖視からこれは遠祖の墓でもあろうと思った。これに妙見信仰も重なっている。「巳」は蛇であり、水の神でもある。翌日はそれが改まって「午」(馬)となる。つまり一度に活力全開、心機一転となるのだ。

「小池祭り」には、日本人の生き方についての極意が、一本の木にかける信仰の形となって凝縮されているように思われて仕方がない。一般にこのような信仰形態は氏神神社の前期形態と解されるようであるが、そうした区分と関係なく、人と木とのありようがぞくぞくするくらいに伝わってくる。聞くところによると、あの赤松の巨木も近年の大雪のため太枝が一本折れたとか。さいわい木はまだ元気だという。

それにしても、祖霊宿るあの赤松の巨樹の印象は鮮烈である。祭りの前日、夕日を浴びた、あの赤松。そして、一夜が明けて、こんどは昇る朝日を真正面から受けて、樹形全体をみるみる黄金色に変えていった、同じ赤松の木なのである。まるで一人二役の劇場舞台を観るような光景がいまも私を捉えて離さない。

祖先の霊が宿る大楠

静岡県伊東市馬場に葛見《くずみ》神社という小さな神社があるが、その境内に国の天然記念物にも指定されている大きな楠の木がある。「葛見神社の大楠」と呼ぶ。伊豆の東海岸には楠の巨樹が多い。有名なのは熱海市西山、木宮《きのみや》神社にある「阿豆佐和気《あずさわけ》神社の大楠」。賀茂郡河津町、杉鉾別命《すぎほこわけのみこと》神社にある「杉鉾別命神社の大楠」がある。いずれも国指定天然記念物だ。船材として楠が重宝されたこと、海上で働く漁師にとって大きな楠の木は正確に魚場を決めるアテになったであろうし、港へ戻る目印の役にもなってきたことだろう。

さて、葛見神社であるが、ここは伊東市の東南に当たり、山を背にして位置する。そして周辺を圧倒するばかりに一本の老楠が立つ。目通りの幹周約二〇メートル。樹齢は数千年とも言われるが、むろんそこまでは信じがたい。この木の余りのぼろぼろした風貌が見る者をして想像力を掻き立てるのであろう。木にはしめ縄が巻かれ、神木であることを示す。小さな木のホコラが設けられている。

伝承では、昔、この当たりは葛見の庄と称された。約九〇〇年前、伊東家の祖と伝える

◉樹齢一千年を越えると思われる風格。
「葛見神社の大楠」

葛見の庄・初代地頭・工藤祐高《すけたか》が伊東家の守護神として社殿を設け、京都、伏見稲荷神を勧請、合祀したのに始まる、とされる。慶長十五年（一六一〇）と元禄十年（一六九七）の棟札にそうあるという。祭神は葛見神《くずみのかみ》、倉稲魂命《うかのみたまのみこと》、大山祇命《おおやまづみのみこと》の三神だ。ウカノミタマは穀物神。食物は口で受ける。オオヤマヅミは大山に棲む神の意。山の神である。葛見ノ神は不詳とある。が、これは私に言わせれば明確だ。「葛」は「楠」。「見」は「身・実」であって、楠の木それ自体を示す。つまり、木を神とすることを表わしている。稲荷を招いたのであるから穀物神は当然。山は地域の人間以前の君臨者である。楠の木は見た感じからも推定、樹齢一千年は越えるだろう。つまり、神社建立以前からあったはずであり、工藤祐高が祀る以前から、何らかの形でこの地域の人々はこの木を神体木として祀ってきたに違いない。明治までは代々の領主により岡明神《おかみょうじん》と称えられ供米が献じられてきた。旧伊東、旧小室両地域の氏神とされ、明治六年（一八七三）、両地域の郷社となった。岡明神の名に、先述のとおり、海で働く者にとっての「陸《おか》」への思いが読み取れる。オカに見放されたらおしまいなのだ。

このように、この楠の巨樹に寄せる人々の想いと経緯とは、実は幾重にも重なり合っている。それだけ奥が深く、歴史の重みを感じさせるわけであるが、この芯の部分を貫いているものは、この木こそ祖先の霊が宿ると信じてきた日本人のゆるぎない霊魂観であることは間違いない。

8章 木を迎え、木を送る

七年に一度の信濃国一の宮・諏訪大社の「御柱祭」クライマックス「木落とし」

【写真撮影】諏訪地方観光連盟

◉諏訪大社式年造営御柱大祭

「あるべき様《よう》」に

いろんな木のありようを眺めてきて、深く考えさせられるのは、私たち日本人の木に対する接し方、考え方の基本原理はどのようなものであろうか、という、そこのところの精神的な受けとめの部分なのである。理屈じみて聞こえるであろうが、親しきなかにも礼儀あり、と言われて育った私たちの世代には、この頃の数々の自然破壊の話を耳にすると、どうしてもこの辺にこだわりたくなる。

こう書いてきて、ふと脳裏をよぎった言葉がある。それは明恵上人が常に言われたと伝える「あるべき様《よう》なり」という言葉である。

明恵上人（一一七三―一二三二。諱《いみな》は高弁）は鎌倉時代の華厳宗の僧。紀州の人。京都、栂尾に高山寺を建て、華厳の道場とした。没後、弟子の高信が遺訓を整理。「阿留辺幾夜宇和《あるべきやうわ》」（一二三八年完成）は有名。逸話の多い人物であるが、この中に出てくる冒頭の言葉「僧は僧のあるべき様、俗は俗のあるべき様なり」の一節はことに知られる。

木に対するに、人として「あるべき様」に――とは、どのようなありかたなのであろうか。それは、木も私たち人間の一人、暮らしのなかの一員として大切に遇し、最後の最後までそのように接する、つまり「礼儀あり」であり、「節度」を持ったありようでなくてはならない。そういう心構えが日々の暮らしのなかにきちんと生きてきたのではないかという強い思いである。そして、こういう思いのさらに根底には、生きとし生けるもの、すべてに霊が宿るという太古以来のわが民族の心があるはずだ。

暮らしにとって木は不可欠の存在である。だから人間は山に生える木を伐採しなければならぬ。でもそれは言葉を換えると「木殺し」の罪であろう。宗教的に解釈すると、原罪の問題である。だから、木を伐採するまえに人はその行為に対し、カミに許しを乞うのである。鳥総《とぶさ》立ての神事はそれであろう。

しかし、心理的には別次元の解釈も可能ではあるまいか。

一本の苗から育った木は、用材となるほどにみごとに生長した。その木が伐採され、人間の世の役にたつ。となれば、これは伐採される時が、即、仲間として人の世に迎えられる晴れの時なのである。ちょうど、花嫁、花婿が迎えられるように。すると、いろいろ解釈はあるが、あの信州・諏訪大社の天下の奇祭、御柱祭も、晴れて「文化の木」となって人の世に加わる荘厳なる「木迎え」の儀式なのではあるまいかと私には映るのである。

そして、いつの日か木は立派に役目を終える。でも、彼の霊はどこに安らいだらよいのか。それはやはり生まれ故郷・深山のほかにはあり得ないのだ。山形県置賜郡・米沢地方一帯に顕著にみられる「草木塔」は、明らかに木の霊を祀る供養塔である。木迎えに対するに木送りの儀式であると読み取れるのではあるまいか。

木迎えと木送りと。この二つに込められた日本人の敬虔なる心の営みに、私は木に対する日本人の「あるべき様」の本物を見る思いがするのである。

あらためて、この結節点を検証してみることとしよう。

聖なる「柱」

まず七年に一度、天下の奇祭と騒がれる信濃国一の宮・諏訪大社の「御柱祭」(みはしらさい。普通「おんばしらまつり」と呼ぶ)である。全国的にあまりに有名で観光客もそれこそ半端ではない。前回の祭りは平成十六年四月から五月にかけてであった。

いうまでもなく、この祭りの最大の主役は「柱」である。しかも、聖なる柱であり、神としての柱である。祭りにみる普遍的原理は神と人との合一、エクスタシーにある、といってよいと思うが、御柱祭にみるこの興奮と熱狂は何を意味するのか。そして、当の「柱」であるが、この祭りを通して何かが何かに変わるのかどうか。それとも不変なのか。

辞書によると、柱とは「まっすぐに立てて建物の上部の重みを支える材」とある。石柱もあれば鉄骨柱もあるが、日本人の感覚に馴染み深い柱は、木であろうし、丸柱よりも角柱ではないだろうか。木造建造物では大黒柱がその代表格である。これを比喩的に用いて、全体を支える人のことを「一家の大黒柱」などと呼ぶ。

神も人の霊も柱として数えられる。英霊幾柱といったぐあいに。人柱という言い方もある。柱はここでは物と霊とをつなぐ記号的役割をもっている。『古事記』にみるイザナギ、イザナミの両神はオノゴロ島で「天《あめ》の御柱《みはしら》」の周りを回って国生みをされた。柱に生産の呪術力が潜んでいるのか。柱は天と地を結ぶ神の梯子でもある。伊勢神宮の「心の御柱」は見ることも触れることも許されぬ「忌柱《いみばしら》」であるが、これは心的宇宙軸でもあるのか。その長さは約一・五メートル（五尺）。不思議と日本人の昔の平均身長に一致する。

このように、柱を巡る問題は追求すればするほど奥深く、神秘の部分にのめりこむ。神話や民族の世界観の領域にまで踏み込むと、柱の出現（物と意識の両面を含む）は人類がたどってきた、ある発達過程における心的軌跡の所産ではあるまいかと思っている。

謎めいた神事

諏訪大社は全国に約五千社の分社をもつ代表的な神社で、長野・新潟両県を中心に広大な信仰圏を有する。歴史は古く、その起源、由来等もすでに分からなくなってしまっている部分も多く、謎めいた信仰形態をひきずっている。御柱祭そのものが、そういうことの象徴的現れといってよい。

諏訪大社は実は上、下二社からなり、これがさらに二つに分かれ計四社で構成される。もとはそれぞれ独自の信仰形態をもっていたのであろうが、時代とともに各自役割分担が形成され、不自然ではない、現在のような形に落ち着いたものとみられている。

具体的には、上社《かみしゃ》は、本宮《ほんみや》(諏訪市)と前宮《まえみや》(茅野市)からなる。本宮の祭神がタケミナカタノカミ、前宮がヤサカトメノカミ。これは安曇族《あずみぞく》の神であり、ヤサカは弥栄=イヤサカに由来する。下社《しもしゃ》は春宮・秋宮でいずれも先の両神のほかにコトシロヌシノミコトを祀る。ともに下諏訪町にある。

タケミナカタノカミは『古事記』国譲り神話に登場する。カタは「潟」である。諏訪すなわち「スワ」は「水」の古語とされる。「カタ」同様に水の恵みに頼った古代人の心が読み取れる。

八ヶ岳山麓にはたくさんの縄文遺跡がみつかっていて、しかも、俗に「諏訪の七不思議」といわれるごとく、謎めいた神事がたくさん残る。「蛙狩り《かわずがり》」もその一つ。鹿あるいは動物の肉を食うことを許可する御符を意味する「鹿食免《かじきめん》」、風厄け《かぜよ》の「薙鎌《なぎかま》」。「鉄鐸《さなぎ》の鈴」はササ鳴りか。「七木湛《しちぼくたたえ》」(湛えの意味不明)、など。いずれも狩猟時代の痕跡をうかがわせる神事である。

また、上社ではかつて「大祝《おおほおり》」といって、八歳になる特定の男児を現人神としてきた。また昔、この地方では、春から秋にかけては野外で暮らし、寒さ厳しい冬場には穴に籠もって暮らしたという。下社の春宮・秋宮はその痕跡とも解釈されている。

◉諏訪大社の神事、御柱祭。
木はこの祭りによって文化の木となる。
【写真提供】諏訪地方観光連盟

このような信仰・風土のなか、御柱祭は行なわれる。

木の文明を開いた「柱」

干支《えと》十二のうち寅《とら》・申歳《さるどし》に当たる七年目ごとの諏訪湖畔の氏子一体となっての祭りへと、観衆は全国からやってくる。

柱は一社、四隅に各一本ずつ、計十六本が立てられる。四月、上社は八ヶ岳山麓、御小屋山《おこややま》から、下社は霧ヶ峰、東俣《ひがしまた》山林から引き出される。いわゆる「山出し祭」である。五月上旬には「里曳き祭」。そして、最後が「建御柱《おんたてばしら》」だ。上、下社により日程は多少ずれる。

いまはモミの巨木であるが、昔はサワラ、カラマツ、ヒノキ、スギなども使われた。木の見立ては前年、もしくは前前年から開始され、祭りの年となるや参加するもの二〇万人という。その熱気あふれるクライマックスは急な崖をものともせず、しがみついた若者ごと柱を一気に落とす「木落とし」にある。死人がでることも珍しくないといわれるほど豪壮で、男の見せ場でもある。

さて、では御柱祭の真の意味はどこにあるのか。

学説的にはさまざまある。しかし、木に対する日本人の自然の感情を基本軸に据えて眺めるとどうであろう。

私には、一本の木が堂々、柱「大径木」としての格を備え、人間に晴れて迎えられる。男の子でいえば元服。今は成人式。柱で考えるならまさに「成柱式」と呼ぶにふさわしいのではないか。特に、山から神社までの行事も、大事なことは木が主役で人は脇役なのだ。主役は崖や川を荒れに荒れる。いくたの試練の限りをくぐりぬけて晴れて英雄となる神話の主人公をほうふつとさせる。そのあげく、木は、この祭りをとおして文化の神となるのである。

近年、発掘される縄文遺跡にみる巨大木柱痕をみれば、巨大な柱を建てることは、木の文明のスタート点であったはずだ。木は山にあるあいだはどこまでも自然の神なのである。人に曳かれ、野や川を渡り、里に降り、人に立てられることによって、真に文化の神となり、人間界にどえらい力を発揮することとなるのである。

鳥総《とぶさ》立ての心意

さて、人間生存の原点は、いうまでもないことながら神の領域たる自然の幸を取り(採り、捕り、獲り、収穫)、わが物(獲物、得物)とするところから始まる。明けても暮れても続くこの行為に、人としての霊性が芽生えたとき、人間に原罪「業《ごう》」意識が生まれる。そして「宗教儀礼・行為の正当化への心的回路」としての心の浄化へと大きく動いていく。

人間が生きていくうえに避けることのできない生存的行為は、宗教心により調和の道を見出そうとしてきた、とみるのだが……。
『万葉集』にこんな歌がある。

鳥総《とぶさ》立て足柄山に船木伐り樹に伐り行きつあたら船伐《ふなぎ》を　(巻　三　三九一)

鳥総立て船木伐るといふ能登の島山今日見れば木立繁しも幾代神《かむ》びそ　(巻　一七　四〇二六)

先の歌は筑紫観世音寺を造る別当(長官)となった沙弥満誓《さみまんせい》の作。彼は養老五年(七二一)、元正太上天皇の病気平癒を願って出家、二年後、九州へ赴任した。とぶさを立てて足柄山で船木を伐り、よい木として持って行った(惜しい木であったのに)というのが大意。比喩歌として載せられているから木そのものを歌ったものではない。

後の歌は大伴家持(?―七八五)の作。五七七五七七の施頭歌形式は家持には珍しいとされる。彼は壮年期、越中守として北陸へ赴任している。当時、越中国は能登を合わせた大国。ここにも鳥総立ての言葉が見え、繁る木々の神々しさが歌われている。

「鳥総立て」とはなにか。折口信夫は「上代、船を造る木材を山から伐り出す時、その伐った木の末を折って同じ株の辺に立て、山の神を祭る風があった。これをとぶさたてと言うたのであろう」(旧かな。『万葉集辞典』)と解説している。

旧長野営林局蔵『官林図会』に「株祭之図」として、大木を伐採したあと、いましもその木の梢を株にさし、山の神に感謝する木こりの姿が描かれている。腰をかがめて梢を株にさす木こりの姿は敬虔であり、宗教的雰囲気が立ちこめる。

古代日本人が早くより各樹種の特徴をよく知り、用途に応じた利用に優れていたことは既述した。その意味で金時伝説で有名な足柄山の豊富な杉は船材として名が知られていた。能登の杉もそれであったであろう。

では、鳥総立てに潜む心意はなんであろう。

先に触れたように船材にかなうほどの杉の大木は長い年月の賜物であって、人が作りあげたものではない。神の所有物である。この場合、神は山の神であるとともに、一本の杉の木もまた神なのである。それを、いま人間がただで戴こうとしているのである。悪くいえば盗むことでもある。それも株と梢とを残した、いちばん美味しい中間部分である。しかも木は現に生きている。冒頭にも触れたが伐採することは木を殺すことにほかならない。人間はそのことを承知で罪を犯す。このうしろめたさに気づくとき、人はまず以て、自分の行為にたいし、神へ許しを乞い、戴いたあとは神へ向かって敬虔なる感謝と、犯した罪への許しをもう一度乞うのである。
鳥総立ての心的構造はそれである。そして、この心の構造はアイヌのクマ送りの儀礼とも重なりあう。

草木供養塔

いつか伊太祁曾《いたきそ》神社（和歌山市伊太祁曾）にお参りしたことがある。『延喜式』に載る古く格式のある神社で、祭神はスサノオノミコトの子神で植林の神とされるイタケル（五十猛）ノミコトだ。イタケルは天から多くの木種を持って下ったが韓国《からくに》にはまかず、日本へ渡り、九州から順に日本全土へとまいた。おかげで日本は全土、青山となり「紀伊国にいます神」と呼ばれたと『日本書紀』一書にみえる。

ここの神様は木を伐ることは悪ではない。そのかわり木に感謝し、つぎつぎに木を植えてくださいという。かくて全国の木材業者の信仰を集めている。

日本人は自然を神と崇め、禁足とする一方で、その恵みは享受するという二重の信仰心に生きている。原理主義的自然保護の理論に国民が抱く本能的違和感もこのあたりにある。しかし、現に命あるものを犠牲にして自分の生が保たれているという、この世の実相は太古以来なんら変わらない。この点を深く意識する時、仏教でいう「業」の問題に突き当たる。こ

◉伐採してその恵みを享受する人間が、樹木への感謝をこめて立てた草木供養塔
（山形県米沢の白夫平）

の「業」をいかに乗り越え、心の浄化を図るか。

この点は仏教、殊に浄土系の浸透を待たねばならぬが、庶民宗教史の一側面としての結果をいえば、万物供養の庶民信仰としてこれを認めることができるのではあるまいか。当然、江戸期が中心となる。鳥獣供養・包丁供養・筆や針供養などもある。

顕著な例として、山形県置賜・米沢地方の民間信仰として注目される「草木塔《そうもくとう》」をあげることができる。

草木塔とは「草木塔」若しくは「草木供養」などと文字を石に刻んだ石造物で、全国に約一二〇基確認されているが八〇パーセントは先の置賜地方、とりわけ米沢市が中心である。江戸期、用材として沢山の木が伐採されたことは事実であるが、万霊に感謝する庶民信仰に修験山伏などの影響もあって自然石も用いた盛んな塔の建立となったとみられている。最古のものは安永九年（一七八〇）。多くは文化・文政・天保あたり。なかでも寛政九年（一七九七）の「入中の草木塔」（米沢市白夫平）には「草木供養塔」の文字の右に「一佛成道観見法界」、左に「草木国土悉皆成佛」と刻まれている。これぞ木によせる山に暮らす人たちの真心であった。

父祖たちが木に寄せる心はかくも清らかであり、美しかった。私たちの祖先は、人の霊を祀るのと同じ心で木の霊を祀ったのだ。本当の「木送り」というべきである。

牧野和春……………選

古木の物語――巨樹信仰と日本人の暮し――
本書収録「古木」マップ

［2007年9月］

＊各数字は部と章を表す

❶―1-1 鳩山のイチイガシ
鳩山町指定天然記念物
［埼玉県比企郡鳩山町］

❷―1-2 虫川の大杉
国指定天然記念物
［新潟県上越市浦川原区虫川］

❸―1-3 楠珺社の楠
大阪市指定保存樹
［大阪市、住吉大社］

❹―1-4 坂東霊場の大榧《かや》
埼玉県指定天然記念物
［埼玉県比企郡ときがわ町］

❺―1-5 日蓮ゆかりの大椎
千葉県指定天然記念物
［千葉県勝浦市］

❻―1-6 八幡のケヤキ
会津地方の緑の文化財
［福島県南会津郡下郷町］

❼―1-7 羽黒山の杉
国指定特別天然記念物
［山形県鶴岡市羽黒町］

❽―2-1 根上り松
［鳥取県東伯郡泊村］

❾―2-2 木喰の立木仏がある榧
［山口県萩市の願行寺］

❿―2-3 波崎の大タブ
茨城県指定天然記念物
［茨城県神栖市波崎神善寺］

⓫―2-4 源左と柿の木
［鳥取県鳥取市青谷町］

⓬―2-5 有島武郎が描いたケヤキ
［鳥取県鳥取市］

⓭―2-6 善光寺の回向柱
［長野県長野市元善町］

⓮―2-7 祖霊としての赤松
［群馬県利根郡みなかみ町］

⓯―2-7 葛見神社の大楠
国指定天然記念物
［静岡県伊東市馬場］

⓰―2-8 諏訪大社の御柱祭
［長野県諏訪市、茅野市］

⓱―2-8 草木供養塔
［山形県米沢市ほか置賜地方］

おわりに

環境問題がなにかと話題になるが、自然を壊してしまっては元も子もなくなることは誰も知っている。まず自然ありき。そして、その自然の恵みの中で人も生きる。そのことが本当に分かるということは実は大変なことで、我々の祖先はそのことをちゃんと実践してきたのである。その実践力の本体は何か。日本人の精霊感とこれを基軸とする信仰。そして経験知の三者、均衡・融合の《心》にあると思う。

原稿再読して、この《心》の部分を、木を訪ねつつ「思慮」の二文字を隠し味に埋め合わせてきたのかな、とも思っている。

主に、ここ二、三年の原稿だが、昨秋、拙著出版に過去、格段のご支援をいただいてきた工作舎・田辺澄江さんと歓談、話がはずみ今回の刊行となった。諸般の情勢厳しき折、いかにして主意を正しく読者に届けるか。表題はそのへん苦心の合作でもある。

本書にはできるだけ多くの写真を掲載したいとの編集部の要望があった。私の取材写真だけでは無理である。編集部からの依頼に応え、快くご協力いただいた市町村行政担当の皆様、関係する神社、寺院、またふだん巨樹をテーマに撮影を続けておられる写真家の方々、この場を借りて厚く御礼申し上げます。

読者はこれらの写真により、さらに巨樹へのイメージがかきたてられ、いちど現場に立ってみたくなるかも、と期待も膨らむ。実はそのときが、本書にとっては、著者と読者との本当の出会いなのかも知れない。木縁はおおいに奇縁でもある。

そんな次第で、作業進行、写真依頼等々、田辺さんはじめ編集・制作スタッフには格段お世話になった。改めて感謝申し上げる。そして、ぜひ反響あれ、と願っている。

平成十九年九月　初秋の風を感じつつ

牧野和春

[著者紹介]

牧野和春◉Kazuharu MAKINO

一九三三年、鳥取県生まれ。慶應義塾大学文学部卒。ジャーナリストを経て一九六八年、牧野出版創立。精神医学関連を中心に出版。併せて日本人の心を関心事に執筆活動を続ける。現在、惜水社社長。桜と巨樹への思い入れは深い。『樹霊千年』(一九七九年、牧野出版)は巨樹ブームの導火線となった。『本朝巨木伝』『桜伝奇』(ともに工作舎)のほか、次の著作があげられる。『桜の精神史』(牧野出版)、『新桜の精神史』(中央公論新社)。『巨樹の顔』(共著、朝日新聞社)、『巨樹と日本人』(中公新書)、『日本巨樹論』(惜水社)、『森林を蘇らせた日本人』(NHKブックス)、『鎮守の森再考』(春秋社)、『円空と木喰』(共著)『凡夫の民芸論』(いずれも惜水社)。常に現場主義、臨場感をもとに生身の人間としての体感と思索を重視。「事上磨錬」が座右の銘。奥武蔵在住。

古木の物語

発行日――二〇〇七年一〇月一〇日
著者――牧野和春
編集――田辺澄江＋小松崎裕夏
エディトリアルデザイン――宮城安総＋佐藤ちひろ
カバー写真――岡田正人
印刷・製本――株式会社新栄堂
発行者――十川治江
発行――工作舎　editorial corporation for human becoming
〒104-0052 東京都中央区月島1-14-7-4F
phone: 03-3533-7051　fax: 03-3533-7054
URL: http://www.kousakusha.co.jp
e-mail: saturn@kousakusha.co.jp
ISBN978-4-87502-404-0

本朝巨木伝

◆牧野和春

人の背丈ほどの「板の根」をもつサキシマスオウノキ、女の霊力を宿すツバキなどの巨木に、著者は異形のカミを察知しそこに投影する「日本」をよむ。巨木マップ付。◉日本図書館協会選定図書。

●四六判上製●２４０頁●定価　本体２２００円＋税

桜伝奇

◆牧野和春

日本の巨木研究の第一人者が、悠久の時を生きる日本各地の桜の名木、老木をたずね歩き、日本人の心の奥深くに眠る桜に対する精神性を綴った、民俗探訪桜紀行。桜の名木マップ付。

●四六判上製●３１２頁●定価　本体２８００円＋税

鳥たちの舞うとき

◆高木仁三郎

敬愛する宮澤賢治にならい、市民科学者をめざしてきた著者が、死の間際に残した念願の小説。余命半年を宣告された主人公と、ダム建設にゆれる天楽谷の人々や鳥たちとの交流を描く。

●四六判上製●２２４頁●定価　本体１６００円＋税

恋する植物

◆ジャン＝マリー・ペルト　ベカエール直美＝訳

ヨーロッパでもっとも人気のある植物学者ペルトが語る、詩情と愛情とユーモアあふれる植物談義。鳥や虫と結婚する花たちなど生殖を中心に花の進化をたどる。

●四六判上製●３８８頁●定価　本体２５００円＋税

花の知恵

◆M・メーテルリンク　高尾　歩＝訳

花々が生きるためのドラマには、ダンスあり、発明あり、悲劇あり。大地に根づくという不動の運命に、激しくも美しい抵抗を繰り広げる。植物の未知なる素顔をまとめた美しいエッセイ。

●四六判上製●１４８頁●定価　本体１６００円＋税

滅びゆく植物

◆ジャン＝マリー・ペルト　ベカエール直美＝訳

チューリップの原種など、世界の主な植物種の八分の一が急速に絶滅しつつある！　地球規模で起こっている環境の急激な変化や種の大量絶滅という危機的状況を「生物多様性」の観点から考える。

●四六判上製●２５２頁＋カラー１６頁●定価　本体２６００円＋税